U0369776

杜威著作精选

刘放桐　陈亚军　主编

我们如何思维

〔美〕约翰·杜威◎著

马明辉◎译

华东师范大学出版社

上海

图书在版编目(CIP)数据

我们如何思维/(美)约翰·杜威著;马明辉译. —上海:华东师范大学出版社,2019
(杜威著作精选)
ISBN 978 - 7 - 5675 - 9666 - 5

Ⅰ.①我… Ⅱ.①约… ②马… Ⅲ.①思维方法-研究
Ⅳ.①B804

中国版本图书馆 CIP 数据核字(2019)第 261408 号

杜威著作精选

我们如何思维

著　　者　(美)约翰·杜威
译　　者　马明辉
责任编辑　朱华华
审读编辑　沈　苏
责任校对　王丽平
装帧设计　卢晓红

出版发行　华东师范大学出版社
社　　址　上海市中山北路 3663 号　邮编 200062
网　　址　www. ecnupress. com. cn
电　　话　021 - 60821666　行政传真 021 - 62572105
客服电话　021 - 62865537　门市(邮购)电话 021 - 62869887
地　　址　上海市中山北路 3663 号华东师范大学校内先锋路口
网　　店　http://hdsdcbs. tmall. com

印 刷 者　上海四维数字图文有限公司
开　　本　890 毫米×1240 毫米　32 开
印　　张　9.25
字　　数　183 千字
版　　次　2020 年 1 月第 1 版
印　　次　2023 年 3 月第 6 次
书　　号　ISBN 978 - 7 - 5675 - 9666 - 5
定　　价　48.00 元

出 版 人　王　焰

Schools of To-Morrow

School and Society

Human
Nature
and
Conduct

Democracy
and
Education

Reconstruction
in Philosophy Psychology

The Quest
for Certainty

The Public and its Problems

Art as
Experience Ethics How
We Think

Experience
and Nature

CONTENTS

目 录

主编序 / 6

新版序 / 10

第一版序 / 12

第一部分　思维训练的问题

第一章　什么是思维？/ 2

第二章　为什么必须以反思性思维作为教育的目的 / 16

第三章　思维训练中的天赋资源 / 34

第四章　学校情境与思维的训练 / 53

第二部分　逻辑的探讨

第五章　反思性思维的过程和结果：心理过程和逻辑形式 / 68

第六章　推理和检验的案例 / 87

第七章　反思性思维的分析 / 98

第八章　判断在反思性活动中的地位 / 113

第九章　理解:观念与意义 / 126

第十章　理解:概念与定义 / 142

第十一章　系统的方法:控制资料和证据 / 157

第十二章　系统的方法:推理和概念的控制 / 170

第十三章　经验思维与科学思维 / 180

第三部分　思维的训练

第十四章　活动与思维训练 / 194

第十五章　从具体到抽象 / 208

第十六章　语言与思维训练 / 218

第十七章　心灵训练中的观察和信息 / 234

第十八章　讲课与思维训练 / 246

第十九章　一般性结论 / 264

修订版译后记 / 276

Schools of To-Morrow

School and Society

Human
Nature
and
Conduct

Democracy
and
Education

Reconstruction
in Philosophy

Psychology

The Quest
for Certainty

The Public and its Problems

Art as
Experience

Ethics

How
We Think

Experience
and Nature

主
编
序

在杜威诞辰 160 周年暨杜威访华 100 周年之际,华东师范大学出版社推出《杜威著作精选》,具有十分重要的纪念意义。

一百年来,纵观西方思想学术发展史,杜威的影响不仅没有成为过去,相反,随着 20 世纪后半叶的实用主义复兴,正越来越受到人们的瞩目。诚如胡适先生所言:"杜威先生虽去,他的影响永远存在,将来还要开更灿烂的花,结更丰盛的果。"

在中国,杜威的命运可谓一波三折。只是在不远的过去,国人才终于摆脱了非学术的干扰,抱持认真严肃的态度,正视杜威的学术价值。于是,才有了对于杜威著作的深入研究和全面翻译。

华东师范大学出版社历来重视对于杜威著作的翻译出版,此前已推出了《杜威全集》(39 卷)、《杜威选集》(6 卷)的中文版,这次又在原先出版的《全集》的基础上,推出《杜威著作精选》(12 种)。如此重视,如此专注,在国内外出版界都是罕见的,也是令人赞佩的。

或许读者会问,既有《全集》、《选集》的问世,为何还要推出《精选》? 我们的考虑是:《全集》体量过大,对于普通读者来说,不论是购买的费用还是空间的占用,均难以承受。而《选集》由于篇幅所限,又无法将一些重要的著作全本收入。《精选》的出版,正可以弥补《全集》和《选集》的这些缺憾。

翻译是一种无止境的不断完善的过程,借这次《精选》出版的机会,我们对原先的译本做了新的校读、修正,力图使其更加可靠。但我们知道,尽管做了最大努力,由于种种原因,一定还会出现这样那样的问题。我们恳切地希望各位方家不吝赐教,以使杜威著作的翻译臻于完美。

最后,我们要特别感谢华东师范大学出版社王焰社长,感谢朱华华编辑。杜威著作中文版本的翻译出版,得到了华东师范大学出版社一如既往的大力支持,朱华华编辑为此付出了很多的心血。没有这种支持和付出,就没有摆在读者面前的这套《杜威著作精选》。

刘放桐　陈亚军

2019 年 1 月 28 日于复旦大学杜威中心

Schools of To-Morrow

School and Society

Human
Nature
and
Conduct

Democracy
and
Education

Reconstruction
in Philosophy

Psychology

The Quest
for Certainty

The Public and its Problems

Art as
Experience

Ethics

How
We Think

Experience
and Nature

说一个文本被"修订"，可能是指轻微的言辞表述的变化或是大量重写。这里呈现的新版——《我们如何思维》是后一种修订。正如副标题①所表明的那样，它"重述"我们如何思维。

首先，虽然原版中一些材料被切除，但仍然有相当大的扩展。与原来的说明相比，本书所包含的内容多出近四分之一。

其次，可以看到，修订版在表述的确定性和清晰性方面都有所提高。在重述教师为了减少理解时过多的麻烦而发现所有想法的方面，新版修订进行了一丝不苟的努力。本版所作的改动，既有措辞方面的（为了更确切的理解，进行了许多细微的改动），也有思路方面的。后者的变化是最多的。在第二部分，即本书的理论部分，所作的完全是这种改变。整个对反思的逻辑分析部分重新改写，在陈述方面则大大简化。同时，赋予原书独特特征的基本想法不仅被保留，而且得到了进一步的丰富和发展。出于清晰性的考虑，新版增加了说明性材料，而且所有章节的位置重新进行了安排。

第三，关于教学部分，变化是显而易见的。这些变化反映了本书自 1910 年第一次问世以来，在学校尤其是教学管理方面产生的变化。当时由于流行而受到批评的一些方法，现在实际上已从较好的学校消失了；而一些新的主题产生了。因此，在文本方面作出了相应的调整，例如"讲课"这一章几乎是全新的。

总之，我由衷地感谢许多教师，在我准备这个冒昧希望得到改进的新版时，他们让我自由地处理了他们使用旧书的宝贵经验。

杜威

纽约，1933 年 5 月

---

① 英文版副标题为"重述反思性思维对教育过程的关系"（A Restatement of the Relation of Reflective Thinking to the Educative Process）。——译者

第一版序

增加学习科目,每一门学习科目依次增加材料和原理,这为我们的学校带来了麻烦。我们的教师发现,他们的任务变得更加重了,因为他们要对学生进行个别指导而非仅仅以群体的方式来处理。除非这些步骤预先在注意力不集中时就结束,否则就必须发现某条统一的线索、某条进行简化的原则。本书代表了这样一种信念,即在接受我们称为科学的思维态度、思想习惯作为努力目标时,就会发现所需要的稳定的核心的因素。有人认为,这种科学的思维态度与儿童和青年的学习完全无关。然而,本书又代表了这样一种信念,即科学的思维态度与儿童和青年的学习并非不相关联,儿童天生的、未受损害的态度具有热烈的好奇心、丰富的想象、对实验探究的喜好,接近且非常接近科学思维的态度。如果本书有助于人们正确地认识这种关系,有助于严肃地考虑在教育实践中对它的认识作用,为个人带来幸福并减少社会浪费,那么就充分地达到了它的目的。

在这里几乎没有必要一一列举让我有所受益的人。我在根本上受益于我的妻子。这本书的一些观念受到她的启发,并通过她于1896—1903年在芝加哥大学实验学校的工作,在实践中经过检验和具体化而获得正确性。我也乐于承认受益于那些在学校中进行管理的教师和督导人员,他们贡献了自己的聪明才智和热情;特别是受益于埃拉·弗拉格·扬(Ella Flagg Young),她那时是我在大学的同事,现在是芝加哥学校的负责人。

杜威

纽约,1909 年 12 月

Schools of To-Morrow

School and Society

Human
Nature
and
Conduct

Democracy
and
Education

Reconstruction
in Philosophy

Psychology

The Quest
for Certainty

The Public and its Problems

Art as
Experience

Ethics

How
We Think

Experience
and Nature

第一部分 思维训练的问题

第一章

什么是思维？

I. 思维的不同意义

最好的思维方式

任何人都不能准确地向别人说明应当怎样去思维，这正如他不能准确地说出自己应当怎样呼吸，以及自己的血液循环的情景一样。可是，人们思维的各种不同的方式却能够被说明，思维的一般特征能够被描述。某些思维方式与另一些思维方式相比，是比较好的。为什么好呢，也可以提出一些理由来。那些懂得什么是较好的思维方式，并且知道为什么这些思维方式比较好的人，只要愿意，他就可改变他个人的思维方式，从而使思维变得更有成效。这就是说，按照这种思维方式，他们就能把事情办得好些；而按照其他的心理活动方式去办事，就不能取得同样好的效果。本书所论及的思维的较好方式叫作反思性思维（reflective thinking），这种思维乃是对某个问题进行反复的、严肃的、持续不断的深思。然而，在讨论这一主题之前，首先要简短地说明其他的一些心理过程，有时我们把这些心理过程命名为思想（thought）。

"意识流"

在我们完全清醒着的时候，或者，有时甚至当我们睡着的时候，有些事情仍萦回脑际。当我们睡着的时候，我们把这种现象称为"梦境"。我们的脑海中也会产生白日梦、幻想、海市蜃楼，甚至更为杂乱无章的意识流。这种遍布于我们头脑中无法控制的观念过程，有时也被我们称作"思想"。它是无意识的和不受控制的。许多儿童试图弄清他们究竟能否"停止思想"，就是说，试图使头脑里的心理活动停止下来，但是欲罢而不能。我们醒着时的生活有许多是消磨在稀里糊涂的心思、漫无目的的回想、欢快而无稽的期望、倏忽即逝的模糊印象等前后并无关联的琐事之中的。大多数人乐于承认这种状况，实际上，这种状况比人们承认的还要多。因此，如果有人说他能够把他"呆呆地在想什么"表述出来，那么，你最好不要对他抱太多期望：他表述不出什么来；他只能觉察出碰巧出现的"心中的闪念"，而这种"闪念"过后，几乎不能留下什么有价值的东西。

反思性思维是连续性的

有个故事说到一个在智慧上声望较低的人想在他所在的新英格兰镇竞选市政委员，他对人们发表演说："我听说你们不相信我有足够的知识去从政。我希望你们理解，我大部分时间都在思索着这样那样的事情。"照这种说法，即使最笨的傻瓜也能思维了。反思性思维同心中随意奔流的各种事情一样，是由一系列被思考的事情组成的；但是，反思性思维不同于那种仅仅是偶尔发生的"这样那样"的偶然事件，后者杂乱无章且不足为用。反思性的思维不仅包含连续的观念，而且包含它的结果——一种连续的次第，前者决定后者，后者是前者正当的结果，受前者的制约，或者说，后者参照前者。反思性思维各个连续的部分相因而生，相辅而成；它们之间来往有序，而非混杂共存。从某一事物到另一事物的每一步骤，用术语表示，便是思想的一个"词"。每个词都为下一个词留下了可资利用的成分。事件的连续流动构成思想的一系列链条。任何反思性思维都有一些确定的成分，它们联结在一起，向着一个共同的目标持续不断地运动。

思维通常限于不直接感知的事物

思维的第二种含义，即它所涉及的事物不是感觉到的或直接感知的,它并没有看见、听到、触摸、闻嗅或品尝那些事物。我们问一位讲故事的人,他是否看到过发生的那些事,他也许会回答说:"没有看到,我只是想象那些事。"这里表现出来的是一种虚构,它有别于忠实的观察记录。在这种情况下,最为重要的是:想象中的偶然事件和一系列事件中的某些事件是具有某种连续性的,它们首尾一贯,被一条连续的线索贯穿起来,处于千变万化的幻想之流和有意识地导出结论的深思熟虑之间。儿童信口讲来的幻想故事,其内部的一致性参差不齐,有些是互相断开的,有些则是联结一体的;当它们联结在一起时,便类似于反思性思维了;实际上,它们通常是头脑的逻辑能力的表现。通常,想象的活动总是出现在严密的思维之前,并为严密的思维作好准备。在这个意义上,可以说:思想或观念是关于某种事物的心理上的印象,而不是实际的存在;思维则是这类印象的连续。

反思性思维旨在求得结论

对比来讲,反思性思维不只是通过头脑中一系列令人惬意的虚构故事和种种景象而得到娱乐,除此之外,反思性思维自有其目的。火车必须有其目的地;反思性思维必须得出一种在想象之外能够得到证实的结论。一个关于巨人的故事,本身可能是有趣味的,而反思性思维的结论却要求说明这个巨人生活在地球上的特定时间和特定地点,需要在一系列想象之外作出某些说明,使之成为证据确凿、理由充分的结论。通常所谓的"把它思索出个头绪来",也许能最好地表达这种对比要素。这句话的意思是,通过专心思考,把一团乱麻似的思绪弄得有条不紊,把含混不明的思绪弄得一清二楚。这里便有一个要求达到的目的,而这目的控制着相继出现的种种观念。

思维实际上是信念的同义语

思维的第三种含义,即它实际上等同于信念。"我认为明天将冷起来了",或"我认为匈牙利比南斯拉夫要大",等于说"我相信什么什么"。当我们说"人们曾经认为世界是平坦的"时,我们显然是指我们的前人拥有这种信念。思维的这种含义,比前面提到的两种含义要狭窄些。信念是超于某物之外而对该事物的价值作出的测定。它对某些事实、原则或定律作出断定。这意味着指定状态的事实和定律或被采纳,或被拒绝。信念应该被肯定,至少应该被默认。信念的重要性无需多加强调。信念包含那些我们并不确定的知识,然而却确信不疑地去做的事情;也包含那些我们现时认为是真实的知识,而在将来可能出现疑问的事情——正如同过去许多曾被认为是确定的知识,现在却变成了不过只是一种看法或者竟是错误的。

思维等同于信念作为一个单纯的事实而言,并没有什么意义,也不能表明信念有无根据。两个人都说,"我相信世界是球形的"。可是当有人提出质疑时,其中一个人却几乎不能提出或根本拿不出这种说法的证据来,因为他只是人云亦云而已。他接受这种观念,只是因为这种观念是流行的说法,他本人并未调查事实,并未亲身参与建立这种信念。

这种"思想"是无意识地产生的。人们偶然地得到它,但不知道是如何产生的。这种思想来源不明,并通过不易察觉潜入人们的头脑,不知不觉地变成了我们智力架构的一部分。传统、指导、模仿——所有这些或是依据某些形式的权威,或是迎合我们本身的利益,或是符合一种强烈的情绪,从而得以形成某种思想。这类思想不过是偏见而已,它们不是经由观察、收集和检验证据等人类思维活动而得出的结论，而是凭空而下的断语。即使它们碰巧是正确的，其正确性对具有这种思想的人来说，也不过是一件偶然的事情。

反思性思维激励人们去探索

现在，我们再次用对比的方式来研究本书所提及的特殊种类的思维——反思性思维。我们前面提到的两种意义的思维可能有害于心智，因为它分散对真实世界的注意，也因为它可能只是浪费时间。一方面，如果恰当地运用这类思维，人们可能得到真正的欢乐，并且可能成为所需娱乐的来源。但是，无论如何，它们都不能获得真理：它们本身并不能展示让人们接受、坚持和愿意作为行动依据的东西。它们可能包含一种情绪的信仰，但却不含有理智的和实际的信仰。另一方面，信念却明确地包含理智的和实际的信仰，因此它们迟早会要求我们去调查研究，找出其所依据的理由。把一片云朵想象成一头鲸鱼或一匹骆驼，这只是一种"幻想"，并不会使人得出要骑这些骆驼或用鲸鱼炼油的结论。可是，当哥伦布把世界"想"成球形的时候，他的意思是"相信世界是这样的"，他和他的同伴由此萌生出一系列其他的信念，并作出相应的行动：坚信沿此航线可以抵达印度，坚信船只在大西洋中向西远航会出现什么结局；他们认为，正是将世界视为平面的思想，使人们作出不可能环球航行的结论，使人们把世界限制在欧洲人已经熟知的一小块文明的地区，如此等等。

早先人们认为世界是平面的这种信念，还是有一定证据的，其依据的是人们在视野的限度内所能看到的现象。但是，人们没有对这种证据作进一步的考察，没有综合其他证据进行核验，也没有探寻新的证据。这种信念基于人们的惰性、惯性和传统，而缺乏探究的勇气和精力。后来的人们认为世界是球形的,这一信念植根于细心的和广泛的研究,植根于有意扩大观察范围,植根于结论的推导,即考察不同的假设,看哪一个同信念相符合。这种信念同第一种思维含义的区别在于,它是种种观念井然有序的连接;它同第二种思维含义的区别在于,它有可控的目的和结局;它同第三种思维含义的区别在于,它有个人的考察、检定和探究。

哥伦布之所以能够提出他的新思想,正是由于他并未不加怀疑地接受通行的传统理论,而是予以怀疑和探究。长久以来习惯上认为最确定无疑的事物,他敢于怀疑;人们认为似乎不可能发生的,他相信其可能发生。他就是这样不断地思考着,直到他提出能够佐证其信心和怀疑的证据为止。即使他的结论最终被证明是错误的,也与先前他所反对的观念不同,因为这是通过不同的方法求得的。对于任何信念或假设性的知识,按照其所依据的基础和进一步导出的结论,进行主动的、持续的和周密的思考,就形成了反思性思维。上述三种思维都可能引起反思性思维;但反思性思维一旦开始,它便具有自觉的和有意的努力,在证据和合理性的坚实基础上形成信念。

II. 思维的核心因素

对于某些观察不到的事物的暗示

然而,上面概述的各种思维状态之间并没有明显的界限。如果不同思维模式不是彼此混杂的,那么,获得正确的思维习惯的问题就会容易得多。到目前为止,为了让范围变得清晰,我们考察了各种思维极端的实例。现在,让我们回过头来考察一下基本的思维状态,即处于周密检验的证据和单纯的飘忽不定的想象之间的状态。一个人在温暖的天气下散步。起初,他观察到天空是晴朗的,但是,由于他期间一直想着别的事情,现在突然注意到天气变得比较凉了。于是他想到,可能要下雨了;仰望天空,他看到一片乌云遮住了太阳,就加快了脚步。在这样一种情况下,究竟什么是思想呢?走路的动作和对冷的感知,都不是思想。走路是一种活动的趋向,看到乌云和感知到冷是活动的其他一些模式。可是,天将要下雨这种可能性,乃是某种"暗示"(suggested)。走路的人感觉到凉,首先,他想到了云;继而,他看到和观察到了云;再后,他想到了某种看不见的东西:暴风雨。这种暗示的可能性便是一种观念,一种思想。如果他相信这种暗示具有真正的可能性,那么,这种思想就属于知识的范围,并且需要进行反思性的思考。

一个人看到云,于是想起人的形象和面孔;在某种意义上可以说,这与上述情境类型相同。这两种情境(信念和想象)中的思维都包含着注意或觉察到一件事实,由此引出某种别的未观察到的事物,尽管其未被观察到,但却由已观察到的事物引起心中的联想。正如我们所说,一件事情提醒我们想到另一件事情。然而,这两种情境除了上述的一致性外,还有明显的不同。我们并不相信云所暗示的脸就是人脸;我们完全没有考虑其可能成为一种事实。因而,这就不是反思性思维。与此相反,下雨的威胁对我们来说,却具有真正的可能性——这同注意到冷是具有同样性质的事实。换句话说,我们并不认为云就意味着脸或预示着脸,这仅仅是一种假想;然而,当我们考虑到冷时,这就有可能意味着要下雨了。在第一种情境中,我们看见一种事物,偶然想起别的事物;在第二种情境中,我们考虑的是看到的事物和暗示的事物二者之间的关联的可能性和性质。被看到的事物在某种程度上就成了被暗示事物的信念的根据或基础,因而它便具有证据的性质。

指示的功能

一种事物指示(signifies)或预示(indicates)另外一种事物,这种功能引导我们去思考一种事物在多大程度上可以被看作另一种事物的根据,这便是所有的反思性思维或特殊智慧思维的核心因素。研究者借助指示和预示这些词语想起各种情境,就能体察到这些词语所提示的各种真实的事件。这些词语的同义词还有:表明、显示、提示、预测、表示、代表、暗指(implies)。① 我们还说,一个事物预兆另一个事物,是另一事物的预示,或是它的征兆,或是它的启示,或者(假如两者之间的联结不是十分明显)它给另一事物提供了线索、迹象或提示。一个事物预示、意味着另一个事物,单就此而言,它同反思性思维并不是一回事。当我们开始探寻任何特殊提示的可靠性及其价值时,当我们试图检验它的价值并查明什么条件能保证现有资料真正地引出预想的观念并证明接受后者的正当性时,反思性思维便开始进行了。

反思性思维是把信念建立在证据的基础上

如此说来,反思性思维的含义在于:某事物的可信或不可信

---

① 暗指通常用在这样一种情况下,即一个原则或普遍真理产生关于其他真理的信念;其他的短语则通常用来指这样的情况,即一个事实或事件导致我们相信某个其他的事实或规律。

不是通过它本身,而是通过能作为证明、证据、证物、凭证、依据等的其他事物来体现的,也就是说,是通过信念的根据来体现的。有时,雨是实际感觉到或直接体验到的;有时,我们通过草和树的表面痕迹推断出下雨了,或者说,通过空气的湿度以及晴雨表的状态来推断将会下雨。有时,我们不经过任何中介而直接看到一个人(或假想我们看到了人);有时,我们却不能十分肯定所看到的东西是什么,于是探究一些同时出现的征兆、提示或符号,从而使我们相信所看到的究竟是什么。

根据这一探究的作用,可将思维定义为:现有的事物暗示了其他的事物或真理,从而引导出信念;此信念以事物本身之间的实质关系为依据,即以暗示的事物和被暗示的事物之间的关系为依据。一片云朵可以暗示一只仓鼠或一头鲸,这种暗示并不意味着云团是仓鼠或鲸,因为人们看到的事物和暗示的事物本身没有联系或联结。灰烬不仅仅暗示先前曾燃烧过火,而且证明曾存在过火,因为灰烬是由燃烧而形成的。如果真的是灰烬,那就只有燃烧才能形成。这是一种客观的联结,是实际事物的联结。这种联结使一种事物引出某种其他事物的信念具有根据、理由和证据。

III. 反思性思维的各种形态

我们可进而申述,反思性思维和一般所谓的思想具有显著的不同,它包括了,(1)引起思维的怀疑、踌躇、困惑和心智障碍等状态,和(2)寻找、搜索和探究的活动,以求得解决疑难、处理困惑的实际办法。

不确定性和探究的重要性

在我们的例证中,寒冷的冲击引起了信念的混乱和犹豫不决,至少在短暂的时间内是如此。因为这种现象是突如其来且出乎意料的,所以这种冲击和干扰需要加以说明、鉴别和评判。把气温的突然变化说成是一个问题,听来似乎有些勉强和武断;但是,如果我们想要扩大问题这个词的含义,使它无所不包,不论多么轻微和平凡的困惑和挑战,只要它引起信念的疑难,那么,便是真实的问题。一种突然变化的体验,也包含在内。

抬头、举目、瞭望天空这些动作,乃是为了认识某些事实,以回答天气突然变凉这一现象所显示的问题。这些事实刚一提出时是令人困惑的,然而,它暗示了云朵。抬头注视的动作,就是为了探求所暗示的解释是否有道理。把几乎是自动的注视的动作说成是研究或探索的行动,似乎是牵强附会的。但是,再一次地,如果我们愿意扩大心智运作的概念,使之包括那些琐细的和日常的事物,也包括那些专门技术的和高深莫测的事物,那就没有足够的理由拒绝把注视的动作说成是探究了。因为这个动作的目的在于使心智获得一些事实,使人们能够在证据的基础上求得结论。如果注视的动作是深思熟虑的,这一动作的完成就能得到支持一种信念的客观的根据,那么,它便可以作为涉及反思性思维的探究的基本方式的范例了。

再举另一个同样平凡但并不十分琐细的事例来阐明这个观点。一个在不熟悉的地区旅行的人,走到道路的分岔口处。他没有确切的知识去辨别,于是停下来犹豫不决:究竟走哪一条路才对呢？他的疑难怎样才能解决呢？只有从下述两种办法中任选其一：或者盲目、武断地选择一条路径，碰碰运气；或者寻求根据，导出结论，分辨哪条路是正确的。若试图用思维来决定这件事，那就要凭记忆或进一步的观察，或者既靠记忆又靠观察来探究其他事实。这位困惑的旅行者必须仔细检查他面前的事物，并且必须绞尽脑汁地回忆。他将寻找支持他的信念的证据，以判断哪条路对他来说是适合的——他的证据将对一种暗示作出评估。他可以爬上一棵树；可以先顺这一方向走走，然后再向另一方向走走，看看在哪种情况下可以找到标志、线索和迹象。他所需要的是具有路标或地图性质的某种东西，他的反思性思维的目的是发现适合他的目标的各种事实。

综上所述，思维开始于可称之为模棱两可的交叉路口的状态，于进退两难中任选其一。如果我们的行动顺畅无阻地从一事物进行到另一事物，如果我们允许自己的想象如天马行空，那便不需要反思性思维。可是，当我们树立一种信念而遇到困难或障碍时，便需要暂时停顿一下。在不确定的悬念中（我们可用爬树来比喻），寻找某个立足点去审视其他事实，以便寻找更多证据，从而判定这些事实彼此之间的关系。

思维受目的的控制

在整个反思性思维的过程中，持续性和主导性的因素是解决疑惑的需要。如果没有需要解决的疑难问题或需要克服的困难，则暗示的过程必为胡思乱想；这样，我们只能得到所谓的第一种思维。如果连续的暗示单纯是被情绪所控制，与单一的情景或故事相吻合，那么，我们便只有第二种思维。但是，如果要解答一个问题，处理一种疑惑，那便要树立起一个目标，并且使观念沿着一定的渠道流动。每一个暗示的结论都要由它对控制目标的参考性来检验，由它与当前问题的相关性来检验。这种要把疑难搞清楚的需要，也支配着已经着手的探究的性质。一位旅行者，他的目的只是希望找到通往某一特定城市的途径，而如果他的目的是想找到一条风景最优美的小路，那么便要寻找另外的标志，并在另外的基础上检验他的设想。问题的性质决定思维的目的，而思维的目的则控制思维的过程。

IV. 本章要点

简要地说，思维起源于某种疑惑、混淆或怀疑。思维不同于自燃，思维的发生也不是依据"普遍的原则"，而是由某种特定的事物诱发并产生的。笼统地要求一个儿童（或成人）进行思维，而不考虑他自己的经验中某种使他困惑和难以平静的困难的存在，就像建议他抓住自己的鞋把自己的身体提起来一样，是徒劳无益的。

提出困难以后，接下来便要提出解决问题的暗示——制订某种尝试性的计划或方案，考虑对问题作出某种解释，斟酌问题解决方案。已有的资料并不能提供解决问题的方案；它们只能提出解决问题的暗示。那么，暗示又从何而来呢？显然，它依靠人们以往的经验和可供自由使用的相关知识的储备。如果一个人已经熟悉类似情况，如果他之前已经处理过同类型材料，那么大体恰当和有益的暗示就会产生。但如果没有某些类似的经验，那么，疑难终究是疑难。即使儿童（或成人）有了问题，若事先不具备某些类似情境的经验，要想促使其思维，也是全然徒劳的。

然而，即使有了疑难的状态，也有了先前的经验，能够产生一些联想，思维也未必就是反思性的。因为人们可能没有对所得的观念加以充分的批判；他可能匆匆忙忙地得出结论，而没有对结论的根据作出衡量；他可能放弃或过分削减了研究、探索的行动；他可能由于心智的怠惰、麻痹，只采用了第一次出现的"答案"或解决办法，而不肯耐心地寻求某种更为稳妥的方案。一个人只有心甘情愿地忍受疑难的困惑，不辞劳苦地进行探究，才有可能产生反思性的思维。有许多人，既不能承受判断时的困惑，又不愿作出理智的研究，只想要尽快地获得结论。他们养成了过分独断的和教条式的思想习惯，或是认为疑虑的状态乃是心智能力低劣的证明。在调查研究过程中融入检查和测试，是反思性思维同拙劣的思维的不同之处。我们要想真正善思，就必须愿意坚持和延续疑虑的状态，以便促进彻底的探究。因此，如果没有找到足以下判断的理由，就不要轻易地接受任何信念或作出断然的结论。

第二章

为什么必须以反思性思维作为教育的目的

I. 思维的价值

它使合理的行动具有自觉的目的

我们全都承认,至少在口头上承认,思维的能力是非常重要的;思维能力被看作把人同低等动物区别开来的机能。但是,思维如何重要,思维为何重要,我们通常的理解是含糊不清的。因此,确切地说明反思性思维的价值,是有益的。首先,它使我们从单纯冲动和一成不变的行动中解脱出来。从正面来说,思维能够指导我们的行动,使之具有预见性,并按照目的去计划行动,或者说,我们在行动之前便明确了行动的目的。其次,它能够使我们的行动以深思熟虑和自觉的方式展开,以便达到未来的目的,或者说,指挥我们去行动,以便达到现在看来还是遥远的目标。预判行动的不同方式可能导致的结果,能使我们知道我们正在做些什么。思维把单纯意欲的、盲目的和冲动的行动转变为智慧的行动。据我们所知,一只凶猛的野兽费力地从后面冲过来,它的动作依据的是某些当时的外界刺激而引起的生理状态。一个能够思维的人,其行动取决于对长远的考虑,或者取决于多年之后才能达到的结果。例如一个年轻人为了将来的生计而去接受专业教育,即是如此。

举例来说,当一个没有思维活动的动物受到淋雨的威胁时,它也会钻到洞里去,这是因为它的机体受到某些直接的刺激。一个有思考能力的人察觉到未来可能要下雨的特定的事实,就会按照对未来的预测而采取行动。播种、耕种和收获谷物,都是有意图的行动。只有人类才会有这些行动,因为人类知道服从经验中直接感知到的种种因素,知道这些因素所暗示和预示的价值。哲学家们说过许多"自然之书"、"自然之语言"等名言。是的,已有事物成为未见事物的象征,自然界发出的声音可以被人们理解,这些都依靠思维。对于一个有思维能力的人来说,实物是事物以往的记录。例如,化石使我们知道地球远古的历史,并能预示地球的未来;又如,从天体目前的位置,可以预测很久以后才会出现的日食。莎士比亚的名句——"树林中有动听的旋律,溪中流水是大好的文章",切实表明了一个有思维能力的人可以给客观事物增添机能。只有当周围的事物对我们具有意义,当我们以特定方式使用这些事物并可表明达到的结果时,我们才可能对这种事物作出自觉的、深思熟虑的控制。

它使系统的准备和发明成为可能

人们也运用思维建立和编制人造的符号,以便预先想到结果,以及为达到某种结果或避免某种结果而采取种种方式。前面提到的思维的特点,表明了野蛮人和野兽的不同;这里提到的思维的特点,表明了文明人和野蛮人的不同。一个曾经在河里乘船出过事故的野蛮人,可能会注意到某些东西,这些东西对于他来说是预示着未来危险的信号。但是,文明人却有意制作这种符号,他预先设置显著的、警戒船只失事的浮标,建造灯塔,使人们可以看到可能发生事故的迹象。野蛮人凭借其干练的技巧观测天象;文明人则修建气象台,人工收集气象情况,并且在种种迹象出现以前公布信息,而不借助其他方法。一个野蛮人能通过辨别某种不明显的标记,熟练地觅路穿越荒野;文明人却建造公路,为所有人提供要走的路。野蛮人由学习探测火的标记而得知火的存在,并且发明了取火的方法;文明人却发现了可以燃烧的瓦斯和油,发明了电灯、火炉、熔炉以及中心供暖装置,等等。开化文明的本质在于:深思熟虑地建立标志和记录,以免遗忘;在生活中的各种意外事件和突发事件出现之前,深思熟虑地建造一些装置,以便检测它们的临近,记录它们的性质,以预防那些不利事件,或者至少保护自己免遭其害,并且制造更安全和广泛的有利事件。各种形式的人造装置,都是有意地变更自然的性质而加以设计的,使之同自然状态相比,更好地揭示那些隐蔽的、不完善的和遥远的事物。

它使事物的意义更加充实

最后,思维赋予有形的事物和对象非常不同的地位和价值,而没有反思性思维能力的人则做不到这一点。对于那些不知道语言符号的人来说,文字只是黑白相间的古怪的胡抹乱画;而对那些知道文字是其他事物符号的人来说,这些符号堆集在一起代表着某些观念或事物。事物对我们来说是有意义的,它们不只是感官的刺激物,我们对此已经习以为常,因而认识不到它们之所以赋有意义,是由于已见过的事物暗示了未见的事物,而这种暗示又为继起的经验所证实。如果我们在黑暗中被某种东西绊倒,我们可能作出反应,想办法避免被撞伤,而没有意识到它是什么特定对象(*object*)。我们近乎无意识地对许多刺激物作出反应,它们对我们没有什么意义,或者说,它们不是特定的对象。对象比事物(*thing*)包含更多的意义,对象是具有一定意义的事物。

我们作出的这种区分是非常容易理解的。读者如果回想他认为奇异的事物和事件,并把自己的看法与具有专门知识的人对这些事物和事件的看法进行对比,或者把关于一种事物或事件在过去的认识与以后的理智认识两相对比,那么,这种区分便一清二楚了。对于一个非专业人士来说,水这种特殊的物体仅意味着用以洗涤或饮用的某种东西;而对另外一个人来说,水却是两种化学元素的化合物,这两种元素本身不是液体而是气体,或者水是不能饮用的某种东西,因为它有招致伤寒病的危险。对于一个小孩子来说,事物起初仅是颜色、光亮和声音的组合;它们只有变成可能的而现在还未成为实际经验的事物的符号时,才开始对儿童产生意义。对于一个有学识的科学家来说,普通事物所拥有的意义更为广阔:一块石头不仅仅是一块石头,而是一种含有特定矿物质的石头,它来自特殊的地质层,等等;这块石头能够告诉科学家几百万年以前发生的某些事情,并有助于描绘地球的历史图景。

控制的和充实的价值

上面提到的前两种价值相当务实;它们使控制能力有所增加。刚刚提到的这种价值使事物的意义更加充实,而与控制能力并无关联——天空中的某种特定事件难以躲避,正如我们知道了日食,并知道它是如何发生的;但它确实对我们产生了前所未有的意义。当某些事件发生时,我们可能不需要去作任何的思考,但是如果我们以前思考过,那么,这种思维的结果就成为使事物加深意义的基础。训练思维能力的巨大价值在于,原先经过思维充分检验而获得的意义,有可能毫无限制地应用于生活中的种种对象和事件,因此,在人类生活中,意义的不断增长是没有限制的。今天,一个儿童可能对某些事物的意义有所了解,而这些意义对托勒密和哥白尼来说却是含而未露的。儿童之所以能了解,是因为期间出现了反思性的研究成果。

密尔在下面的这段话中综述了思维能力的各种价值:

推论一直被人们视为生活中的伟大事务。每个人每日、每时、每刻都需要确定他没有直接观察到的事实：这不是出于增加他的知识存储的一般目的，而是因为事实本身对他的兴趣或他的职业具有重要性。地方行政长官、军事指挥员、航海家、医生、农学家的职责，仅仅是对证据加以判断，并根据判断采取相应的行动。……根据他们做得好或不好，可以判断他们在各自的岗位上是否恪尽职守。这是要用心从事而永不终止的唯一的职业。①

训练思维的两个理由

以上提到的三种价值累积起来，形成了真正人类的理性的生活方式与受感觉和欲望支配的其他动物的生活方式之间的区别。这种价值远远超过由生活需要所引起的某种狭窄的范围，然而，这种价值本身却不能自动地成为现实。思维需要细心而周到的教育性指导，才能充分地实现其机能。不仅如此，思维还可能沿着错误的途径，导引出虚假的和有害的信念。思维的系统训练之所以必要，是因为思维有发展不充分的危险；更为重要的是，思维有可能向错误的方向发展。

比密尔更早的作者约翰·洛克（John Locke，1632—1704）曾论述过思维对生活的重要性以及思维训练的必要性，认为思维训练能实现思维最好的可能性而避免其最坏的可能性。他说过如下的话：

---

① 密尔：《逻辑体系》（*System of Logic*），导论，第 5 节。

任何人做任何事,都依据某种看法并将其作为行动的理由;不论他运用哪种"官能"(faculties),他所具有的理解力(不论好坏)都不断地引导他;所有的活动能力(不论真伪)都受这种看法的指导。……我们注意到,寺庙里的神像对大多数人经常发生什么样的影响。其实,人们心目中的观念和意象才是不断控制他们的无敌的力量,人们普遍地顺从这股力量。因此,应当高度关切的仍是"理解",要引导它正确地研究知识,作出判断。[①]

思维的力量使我们摆脱对本能、欲望和惯例的奴性屈从,然而也给我们带来谬见和错误的机会和可能性。它把人类提升到其他动物之上,同时也为人类开启了失败的可能性,而受本能支配的动物不会陷入这种可能性。

II. 需要不断调整的倾向

正确思维的自然和社会认可

在一定程度上,生活的需要迫使人们坚持一种基本的持久不变的思维方法;用任何精密设计的技巧来代替这种方法,都将是毫无效用的。一个被烧伤的儿童惧怕火,这种疼痛的后果对需要正确推论的强调,要远胜于有关热力性质的博学说教。当以正确

---

① 洛克:《理解能力指导散论》(*The Conduct of the Understanding*),第 1 节。

思想为基础的活动具有重要的社会性时，这种社会情境（social conditions）也能促进正确的推论。这些对正确思维的认可，可能影响生活本身，或者至少影响生活去合理地避开永久的不安适状态。敌人的踪迹、隐蔽所的标志、食物的征兆以及主要的社会情境的象征等，都必须被人们正确地理解。

但是，这种方法的训练实际上只有在特定的范围内才能奏效，超越范围便不起作用。在一个方向上取得合乎逻辑的学识，并不能防止在另一个方向上导出极端的结论。一个野蛮人擅长判断他要捕捉的动物的活动和位置，而对于动物习惯的来源和身体结构的特性，却会接受最荒谬的奇谈怪论并郑重其事地传说着。只要对生活的安全和繁荣没有直接的可觉察的影响，就不会自发地停止接受错误的信念。结论之所以被采纳，可能仅仅是因为提出的种种假设生动而有趣；然而，有大量可靠资料的积累，反倒有可能不能提出正确的结论，因为它同现存的习俗相反。而且，人类天生具有"先入为主"（primitive credulity）的倾向，只相信先出现的事物，除非有相反的压倒性的证据。纵观思想史，有时人们似乎穷尽了一个信念几乎所有的错误形式之后，才会发现正确的概念。科学信念的历史也表明，一种错误的理论一旦得到普遍的认可，人们便宁肯花费心思用另外的错误来支持它，也不愿意放弃它而沿着新的方向去探索。人们曾尽心尽力地维护托勒密的太阳系理论，就是明证。甚至在今天，被广大群众所掌握的关于自然结构的种种正确的信念，也只因为它们是流行的，是人云亦云的，而不是因为人们理解了它们所依据的原理。

迷信如同科学一样自然

单纯就暗示的功能而言，用晴雨表的水银柱预告晴雨和用一种野兽的内脏或鸟的飞翔预告战争的结局,这两者之间并没有什么差别。用蚊子咬人预示疟疾,用盐缸的倾倒预示命运险恶,这两者也是一样的。只有凭对情境有系统的控制,在这种情境中作出观察,并且有获得结论的习惯的训练方法,才能决定哪种信念是有缺陷的,哪种信念是正确完善的。科学之所以能代替迷信的推理习惯,并不是由于感觉敏锐程度的增加,也不是指示功能的自然结果。科学代替迷信,是对观察和推论的条件加以控制的结果。如果没有这些控制,梦境、星座位置、手掌的纹路都可能被看作有价值的标志,掷扑克牌可以作为预告吉凶的符号,而最具有决定意义的自然的事件反倒被忽视了。相信各种各样吉凶的先兆,在过去曾是普遍的,如今只在某些角落里才存在这类迷信。战胜它们,需要长期严格的科学训练。

错误思维的一般起因:培根的"假相说"

曾有人试图对错误信念的主要来源加以分类,关注这一尝试对我们是富有教益的。例如,培根在探讨现代科学的初期曾列举过四种类别,并冠以古怪的名目——"假相"(希腊文 ἰδωλα,表象),这些怪诞的模式把人的心智引入歧途。他把这些称为假相或幻象,它们是:(a)种族假相,(b)市场假相,(c)洞穴假相,(d)剧场假相。减少其隐喻的成分,说得更明白些,即(a)植根于人类通性中的根本的错误方法(或至少是引诱人们产生错误的方法);(b)来自交际和语言的错误方法;(c)由个人的特质引起的特殊的错误方法,以及(d)一个时期内普遍流行的错误方法。我们可以采用某种不同的分类方法,把错误信念的原因加以划分,有两种是属于内含的,另两种是属于外显的。属于内含的,一种是人类共同的(例如有一种普遍的倾向,即认可一种偏爱的信念比认可一种与之相反的信念更容易一些）；另一种是某种个人的特殊癖好和习惯。属于外显的，一种是发源于一般的社会情境（例如有这样的倾向，即认为凡有某个词，便有某个事实；而没有这个名词，便没有这个事实），另一种是来自局部的和一时的社会趋势。

洛克论：错误信念的典型形式

洛克论及错误信念的典型形式的方法不太正规，但可能更富有启发性。他列举了不同类别的人的不同的错误思维方式。我们最好还是引用他那具有说服力的古雅的语句：

（a）第一种人几乎完全没有理智，他们所做的和所想的都是仿照别人的样子。例如以家长、邻居、牧师或依据盲目的信仰而选择出来的其他什么人为榜样，他们这样做是为了免除对于他们来说思维和研究所具的痛苦与麻烦。

（b）第二种人以感情代替理智，并决定以感情支配他们的行动和论证。除了适合他们的性情、利益或党派以外，对于任何更进一步的问题，他们既不动用自己的思考，也不侧耳倾听其他人的论证。①

（c）第三种人心甘情愿地遵从理智行事，但由于缺乏人们称之为开阔、健全、广泛的意识，对于问题没有一个全面充分的看法。……他们只和一种人发生交往，只读一种书，

---

① 洛克在另一个地方说："人们的偏见和爱好通常是强加于自身的。……爱好使人联想到并且不知不觉地谈论喜欢的词，而这些词又引出了最为赞同的观念；直到最后，以这种方法，在这样的装扮下，得出清晰显然的结论。而如果接纳其原初状态，利用精准界定的观念，根本不会得出这种结论。"

只听得进一种意见。……他们仅在小河中同熟知的交通员频繁往来，而不敢去知识的巨洋中探险(人们的自然禀赋本来是相等的，但其包容的知识和真理却非常不同)。人们之间所有这些增益的部分，是由于运用心智时理解的范围不同，他们头脑中搜集知识的范围不同，积累的观念的范围不同。①

洛克在另一本书②中，用稍微不同的形式阐述了同样的思想。他说：

1. 凡与我们的原则不相符合的东西，决不被我们看作或然的，因而并不被认为是可能的。我们太尊敬这些原则，而且它们的权威又超越一切知识。因此，且不论他人的证据，即便是我们感官的明证，只要它们所证明的同这些既定的规则相反，我们也常常会排斥它们。……儿童们往往从他们的父母、保姆和周围的人那里接受各种命题，这是最常见不过的。这些命题渗透在他们天真而无偏见的理解之中，逐渐得到加强，最后(不论真伪)通过长期的习惯和教育被钉在心中，永远不能拔出来。对人们来说，当他们长大以后反思那些意见时，往往发现它们在自己心中就像那些记忆一样久远。他们既不曾观察到它们早期的暗示作用，又不知道自己是如何得到它们的，因此便将其奉若神明，不许人们亵渎它

① 洛克：《理解能力指导散论》，第3节。
② 《人类理解论》，第4卷，第20章，《谬误的同意或错误》。

们,触动它们,怀疑它们。他们认为它们是伟大的、无误的、决定真理的标准,认为它们是解决一切争端的判官。

2. 其次,有一些人,他们的理解力被铸入了一个恰好依照通行学说的标准制成的模型(这种人并不否认事实和证据的存在,但却不能信服这些证据;如果他们的心智不是被固定的信念紧紧地束缚着,那么,这些证据本来可以影响他们的决定)。

3. 主导性情感。再次,各种或然性如果违反了人们的渴求和普遍的情感,亦会遭到同样的命运。要一个贪鄙的人作推论,只要一边是金钱,另一边虽有很可靠的理由,你亦会预见到对他来说哪一边占上风。尘俗的人心,犹如泥墙一般,抵抗着最强烈的攻击。

4. 权威性意见。这是衡量或然性最后一种错误的尺度,较之前三种尺度,它会使更多的人陷入愚昧和错误中。在我们的朋友、党派、邻人或国家中,各种被公认的意见往往能得到我们的同意。

态度的重要性

我们引用了以往颇具影响力的思想家的话语,其中涉及的事实是我们日常经验中所熟知的。任何善于观察的人随时都能注意到,无论他们本身还是其他人,都有一种相信同其愿望相协调的事物的倾向。我们希望它是真实的,便认为它是真实的。同我们的希望和愿望相反的观念,是很难取得立足之地的。我们往往草率地下结论;又出于个人态度,全然不去检验自身的观念。当进行概括时,我们倾向于作出包揽无遗的断言,也就是说,我们从一个事实或少数事实出发,作出覆盖面宽广的概括。人们的观察也显示出社会影响力所拥有的强而有力的作用,哪怕这种社会影响力实际上与人们所坚持或反对的真理或谎言并无关联。有一些倾向,它们与限制和误导人们的思想是不相干的——这有益于它们自身,这个事实表明思维的训练是更为重要的。尊重双亲和权威人士,抽象来说,确实是可贵的品质。但是,诚如洛克所指出的,这种品质正是决定我们的信念偏离甚至违反理智的主要力量。期望同别人保持和谐的愿望,其本身是令人称心的品质。但是,它可能使人轻易地倒向他人的偏见,并且削弱其自身判断的独立性。它甚至把人引向极端的党派偏见上去,使人怀疑其所属的团体的信念是不忠诚的。

因为态度很重要,所以训练思维的能力便不能仅仅凭借关于思维的最好形式的知识而达成。拥有这种知识并不能担保有良好的思维能力,而且,没有可供反复进行的一系列正确思维的练习能够把人造就成良好的思想家。知识和练习,二者都是有价值的。但是,个人只有在其品质中具有某种占优势的态度,亲身受到激发,他才能认识到它们的价值。从前,人们几乎普遍地相信:人脑具有种种能力,比如记忆力和注意力等,它们能够借助反复的练习获得发展,如同体操练习可以发展筋骨一样。然而,这种一度被人崇奉的信念在广义上已经信誉扫地了。同样,人们也很怀疑依照某些逻辑公式进行的思维练习可以建立起普遍的思维习惯;也就是说,能否建立起一种活用于广泛学科领域的思维习惯,是值得怀疑的。众所周知,在特殊领域内具有专长的思想家,在接受其他领域的观点时,并不去做那些在他们本专业范围内证明简单事例所必须的研究。

态度与熟练方法的结合

然而，培养有利于应用最好的研究和检验方法的态度，是我们能够做到的。只是具有关于方法的知识，那是不够的，还必须有运用方法的愿望和意志。这种愿望乃是一种个人的倾向。可是，另一方面，仅仅具有倾向也是不够的，还必须具有理解沟通的种种态度、获得最佳效益的形式和方法。这些形式和方法将在后文予以讨论，这里将提及需要培养的、旨在接受和应用的种种态度。

a. 虚心（*Open-mindedness*）。这种态度可被定义为从偏见、党派意识和诸如此类的封闭观念中解脱，免除不愿考虑新问题、不愿采纳新观念的其他习惯。但是，与字面含义相比，它具有更积极、更现实的意义。它同粗心（empty-mindedness）是极不相同的。它对新的主题、事实、观念和问题采取包容的态度，可这种包容态度却又不是挂出一块标志，写明"家中无人，敬请入内"。它包含一种积极的愿望，倾听多方面的意见，不偏听一面之词；它留意来自各种渠道的事实；它充分注意到各种可供选择的可能性；它使我们承认即使在我们最由衷的观念中，也存在错误的可能性。心智怠惰是封闭头脑、排斥新观念的重要因素之一。这是一条阻力最小、困难最少的小路，它是由心智的常规惯例形成的。变更旧的观念，需要做困难的工作。自满自负使人们经常认为承认一度崇奉的信念是错的，乃是软弱的象征。我们把一个观念视作一个"宠物"观念，并且捍卫它，对任何不同的事物都视而不见，听而不闻。不自觉的惧怕心理也驱使我们完全采取防卫的态度，就像身穿盔甲外衣似的，不仅排斥新的概念，甚至阻碍我们作出新的观察。这些力量累积起来的影响是闭塞头脑，取消学习所必需的新的理智的接触。制服这些力量的最好办法,是培养对新事物灵敏的好奇精神和自发的追求意识。这便是虚心的基本要点。消极地允许一些事物渗透进来,此种意义上的虚心并不能抵抗封闭心智的那些力量。

b. 专心(Whole-heartedness)。当某人沉溺于某些事物和事件时,他会全身心地投入,我们称之为"专心致志"。人们普遍地认识到,在实际的和道德的事务中,持有这种态度或倾向是重要的。可是,在理智的发展中,这种态度或倾向同样重要。兴趣的歧异是有效思维的大敌。不幸的是,这种兴趣歧异的现象在学校中屡见不鲜。一个学生对于教师,对于他的书本和功课,能够给予表面上的敷衍的关注;然而,他的内心深处却关心对他更有吸引力的事情。他用耳朵和眼睛表示他的注意,而他的脑子却被当时吸引他的那些事情占据着。他感到学习是出于被迫无奈,因为他要背诵,要通过考试,要升级,或者因为希望博得教师或家长的欢心。可是,教材本身对他并无吸引力。他的学习不是一直向前和一心一意的。这一点在某种情形下似乎是无关紧要的;但在另外的一些场合,却是非常严重的。这种习惯或态度一旦形成,对于良好的思维是非常不利的。

当一个人被课业所吸引时,这门课业就会引导他前进。他自然而然地能提出问题,种种假设会涌上他的心头,进一步的研究和阅读也就相继出现。他再也用不着花费力气去控制心思专注于课业(因为精神分散削弱用于课业本身的力量),教材就能抓住他的心思,鼓舞他的心智,给予其思维行进的动力。真诚热情的态度乃是一种理智的力量。一个教师若能激发起学生的热情,就能取得成功。任何公式化的方法,不论它们如何正确,都不能奏效。

  c. 责任心（*Responsibility*）。像真诚或专心一样，责任心通常被认为是一种道德的特质，而不是一种理智的源泉。可是，要充分支持获取新观点和新观念的愿望，充分支持专注课业的热情与才干，这种态度是必需的。这些素质可能会任意地伸展，或者，它们至少可能使心智广泛散布开来。它们本身并不能保证思维的集中和一贯，而思维的集中和一贯正是良好思维的实质所在。所谓理智的责任心，是考虑到按预想的步骤行事所招致的后果；它意味着愿意承受这些合乎情理、随之而来的后果。理智的责任心是真诚的保证，这就是说，它保证种种信念的连贯和协调。常有这样的情形：人们不断接受信念，却拒绝承认其逻辑结果；他们承认某种信念，却不愿意让自己对随信念而来的后果承担责任。其结果是造成思想的混乱。这种"分裂"必然地反映到头脑里，模糊其洞察力，削弱其理解的稳固性；谁都不能采用两种不一致的思想标准而又不丧失他的某些思想的控制力。当学生们学习那些远离他们经验的课业时，其主动的好奇心不能被激发；并且，这超越了他们的理解力。于是，他们开始采用另一种衡量学校课业价值和现实意义的尺度，这种尺度同衡量充满生机的实际生活的尺度绝不相同。他们在理智上变得不负责任，他们不去寻味他们所学习的东西具有什么意义，不去寻味他们所学习的课业与他们的其他信念及行动有什么不同的意义。

  当大量课业或支离破碎的事实充塞学生头脑，使学生没有时间和机会去衡量所学内容的意义时，就会出现思想混乱的现象。学生以为自己接受了所学的东西，自以为相信它们；实际上，他的信念与所学的东西完全不同，并且采取与校外生活和行动完全不同的衡量标准。学生在思想上变得混乱起来，不仅对某些特殊事件感到迷惑，而且对让事件值得相信的根本原因感到迷惑不解。为了取得较好的效果，必须减少一些课业，减少一些传授的事实，增加一些训练思维的责任，让学生透彻地认识这些课业和事实究竟包含着什么内容。所谓透彻，其真正含义是办理某事，使之达到完满的成功；而把某事办理得彻底或达到最终的结局，则需凭靠具有理智责任心的态度。

个人态度与思维意愿的关系

上面提到的三种态度：虚心、专心或专一的兴趣、考虑到后果的责任心，它们都是个人品性的特质。为了形成反思性的思维习惯，并非只有以上三种态度才是重要的，可以提出来的其他态度也是个人品性的特质。"态度"这个词的恰当的意义是精神上的，因此，这些个人品性的特质必须加以培养才能形成。任何人都会时时思考引起他注意的特殊事物。一部分人对其富有兴趣的特殊领域具有不断思考的习惯，例如，对与其专业有关的事情就是如此。然而，彻底的思维习惯，就其范围而言，是更为广阔的。确实，没有人能够随心所欲地去思考每一件事，也没有人能够在不具备有关的经验和知识的情况下去考虑某事。然而，却有一种意愿(readiness)，愿意对其经验范围之内的事物作出认真周密的思考；这种意愿和那种单纯以风俗、传统、偏见等作为基础，避开思维的艰难去进行判断的倾向相比，是大不相同的。上面说到的三种个人的态度是这种一般意愿的主要组成部分。

如果非要我们在下面两者中作出选择：一个是个人的态度，另一个是关于逻辑推理原则的知识，以及在处理特殊的逻辑过程方面的某种程度的技巧，我们将选择前者。幸好，我们不必作出

这样的选择,因为个人态度和逻辑方法并不是对立的。我们需要
铭记在心的是:在教育目的上,不能把一般性的抽象的逻辑原理
和精神上的特质分离开来,把二者编织起来形成一个整体,才是
我们所需要的。

第三章

思维训练中的天赋资源

我们刚才讨论了培养思维习惯获得的种种价值，以及在其发展道路上的种种障碍。没有胚芽，没有促使其本身发展的潜在的可能性，任何东西都不能获得生长发展。必须具备天赋的根脉或资源，正如我们所讲的，我们不能强迫最初不会自发地、"自然地"思维的动物具有思维的能力。固然，我们不能抛开天赋资源去学会思维，但我们又不能只依靠天赋，我们还必须学习怎样得到良好的思维，特别是怎样得到一般的反思性思维的习惯。因为这种习惯是从原先的天赋倾向中生长和发展起来的，所以教师必须了解最初的资源的性质，即了解只有凭借这种资源，习惯才能得到发展的幼芽的性质。除非我们知道哪些东西可以抓住并利用，否则，训练思维的工作就要在黑暗中摸索，浪费时间和精力。如果我们没有引导天赋倾向，使之趋向于最好的结果，反而强制地形成一些反常的习惯，也许我们将做出更糟的事情来。

可以把教学和出售商品两相对比。没有买主，谁也不能卖出商品。如果一位商人说，即使没有人买走任何商品，他也能卖出大宗货物，这是天大的笑话。然而，或许有一些教师不问学生学到了什么东西，而竟自认为做了良好的日常教学工作。其实，教和学二者的值正好是相等的；同样，卖和买二者的值也是相等的。要想提高学生的学习，唯一的办法是增加实际教学工作的质和量。因为学习是由学生自己来做并且是为了自己而做的事，主动权在学生的手里。教师是一个向导和指导者。教师掌舵，而驱动船只前进的力量一定来自学生。一个教师愈是了解学生以往的经历，了解其希望、理想和主要的兴趣，就愈能理解为使学生形成反思性思维所需要加以指导和利用的各种作用力。这些因素的数目和性质因人而异，因此不能在一本书里全部罗列出来。但是,每个智力正常的人都有一些倾向和力量,凭借和利用这些力量有利于掌握形成良好思维习惯的方法。

I. 好奇心

　　每种活着的动物,当它们清醒的时候,它和它所处的环境不断地发生交互作用(interaction)。交互作用是一种给予(give)和取得(take)的过程,它作用于周围的事物,又从周围事物那里收回某些东西——印象和刺激。这种交互的过程便组成了经验的框架。我们具有避开破坏性影响的种种手段,具有防止有害影响并保护自己的种种手段。但是,我们也有种种向四处伸展的倾向,要做出新的接触,寻求新的事物,力图改变旧的事物,像沉醉于过去的经验一样,为了取得新的经验而沉醉于现时的经验,并不断主动地扩大经验的范围。这些不同的倾向,概括起来便是好奇心。华兹华斯(Wordsworth)的诗句特别适用于儿童:

> 有眼不能不看,
> 有耳不能不听,
> 身体感知万物,
> 不由意志决定。

　　当我们醒着的时候,我们的所有感官以及运动器官都在和环境中的某些事物互相发生作用。对成年人来说,许多这类接触已经完成了；成年人本身默认了这种常规，他们陷入了经验的种种格式之中，并对这些格式安之若素。对儿童来说，整个世界是全新的；在每次新的接触中，都有使健全的人激动的某些事物，并且使人热衷于探究这些事物，而不是单纯消极地等待和忍受。没有所谓单一官能的"好奇心"；每个正常的感觉器官和运动器官都在警戒（*qui vive*）。它想要主动活动的机会，它需要某些对象，以便把自己的活动施加给这些对象。这些外向倾向的总和构成了好奇心。它是扩展经验的基本要素，因而是形成反思性思维胚芽中的最初的成分。

好奇心的三个等级或三个水平

1. 好奇心的最初表现是与思维无关的。它是一种生命力的过剩、一种有机体能力丰盛的表现。一种生理上的不安适状态，可引导儿童去"琢磨各种事情"——伸手取物、用手戳物、乱敲乱打、窥视等。研究动物的观察家曾提到，一位作家把这种现象称为"根深蒂固的瞎鼓捣的倾向"。"老鼠到处跑，闻气味，打洞，啃咬；杰克（一条狗）以同样的方式乱扒乱跳；小猫东张西望和抓东西；水獭像是地上的闪光一样，到处滑动；大象笨手笨脚地不停地摸索；猿猴把东西推来推去。实际上，它们干这类事情并没有真正的打算。"[①]对儿童的活动的大量不定期的观察显示，儿童不断地表现出探查和检查的活动：他们对待各种事物吮吸，用手指拨弄，捶击，拉一拉，推一推，触摸，抛掷；总之，他们不断尝试，直到找不出新的性质才罢休。这类活动很难说是什么理智的活动，然而没有这类活动，理智的活动就会因为缺少可资利用的材料而薄

---

① 霍布豪斯（Hobhouse）：《进化的心灵》（*Mind in Evolution*），第 195 页。

弱无力,不能持续进行。

2. 在社会刺激的影响下,好奇心发展到较高的等级。当儿童学会了向别人求助以弥补其经验的不足时,如果事物不能对他的试验作出令他感兴趣的反应,他就可以要求别人提供有趣的材料,于是儿童进入了一个新的时期。"那是什么?""为什么?",不倦地提出问题,是这一时期儿童状况的特征。起初,这类提问只不过是把儿童早期进行推、拉、开、合等活动的旺盛的身体力量投射到社会关系中去。儿童连续不断地发问:什么东西支撑着房子? 什么东西支撑着支撑着房子的土地? 什么东西支撑着支撑着土地的地球? 但是,儿童提出这类问题并不表明他们意识到了各种合理的联结。他们提出为什么并不是为了寻求科学的解释,其背后的动机只不过是渴望对他们所处的奇妙的世界具有更多的认识。他们不是为了寻求定律和原则,仅仅是为了掌握更多的事实。然而,儿童的欲望也不是限于积累知识,掌握不相联结的种种关系——虽然有的时候,他们喜好提问的习惯沦为一种单纯的语言病态。儿童隐隐约约地感觉到,他们直接感觉到的事实并不是全部,事实背后还有更多的东西,随之而来还会有更多的事实。这种感觉便是理智的好奇心的萌芽。

3. 好奇心超越了有机体的和社会的水平,升华为理智的行为。在这个层次中,好奇心转变成儿童要亲自寻求在与人和事的接触中产生的种种问题的答案的兴趣。在所谓"社会的"层次中,儿童的兴趣只是提出问题,而不注意问题的解答。在所有的事项中,没有长久留意的特殊问题。一个问题接着另一个问题迅速变换,没有发展成为连续的思想。随问随答中好奇心得到释放。教育者(不论家长或学校教师)最为关键的问题是:利用有机体——

身体方面探查的好奇心和语言方面提出问题的好奇心,求得理智的发展。只要树立更长远的目标,并在达此目标的过程中找出和插入一些中间的行动、对象和观念,那么理智的发展便能够实现。一个长远的目标控制着一系列连续的探究和观察,并把它们结合起来,作为达到长远目标的手段。这个过程达到何种程度,好奇心明确表现的理智特点也就达到何种等级。

好奇心是怎样消失的

如果不引导好奇心进入理智的水平,那么,好奇心便会退化或消散。培根说,为了进入科学的王国,我们必须变得像小孩子一样。他的这个说法,提醒我们需要有儿童的虚心和灵敏的好奇心;同时也提醒我们,这种天赋的素质容易消失。某些好奇心的消失是由于淡漠或粗心,另一些好奇心的消失是由于轻浮草率。虽然在许多情形下并未出现以上的弊病,那只是由于陷入严重的教条主义,而这对于好奇精神同样有致命的危害。有些人循规蹈矩,不去接触新事实和新问题,另一些人的好奇心只保持在其职业中关系个人利益的方面。对许多人来说,好奇心表现为对本地区街谈巷议和邻人们幸运美事的兴趣。确实,好奇心一词由此而被人们经常地联想成对他人私事的窥探。因此,一般来说,教师必须搞清楚好奇心是什么,而不是盲目培养学生的好奇心。教师很难期望激发甚至增加学生的好奇心。教师的任务更准确地说是提供材料和条件,使生物性的好奇心被引导到有目的、能产生结果、增长知识的探究,使社会性的探索精神转化为了解前人已知事物的能力,一种不仅向人求教同时向书本求教的能力。教师必须防止没有积累作用的一连串的单纯刺激,以免使儿童或者成为感觉和感觉论的爱好者,或者因享乐过度而感到厌倦和丧失兴趣。教师应当完全避免教学中的教条主义,因为这种趋向必定会逐渐地形成一种印象,似乎任何重要的事情都早已安排妥当,再也没有什么事情有待探求。当儿童的好奇心已形成求知的欲望时,教师必须知道如何传授知识;当儿童由于缺乏质疑的态度,把学习看作负担而探索精神大为减弱时,教师必须知道如何停止传授知识。

II. 暗示

观念自发地产生

如前所述,许多儿童试图弄明白:他能否停止"思想",能否停止他头脑中的观念流动。但是,这类原始的和不能控制的"思想"必定会出现,如同诗文"身体感知万物,不由意志决定"所描绘的那样。我们能够直接地从种种事物那里获得种种感觉,但我们具有观念或不具有观念却是不由自主的。我们在一种场合下是主动进入某些情境,在另一种场合下是被动进入某些情境;在这些情境中,我们期望获得有价值的感觉和观念,借助这些有价值的成果,使人得到发展,精力得到恢复,而不必搞得筋疲力尽。

什么是暗示

观念,就其原始和自发的意义来讲,就是暗示(*suggestions*)。在经验中,没有绝对简单的、单一的和孤立的东西。每种事物在我们的经验中都伴有其他的事物、性质或事件。某些事物占据中心位置,并且格外明显,而别的事物便被遮盖而暗淡模糊。例如,一个儿童可能专心注视着一只小鸟,他的意识中最明亮的中心,只有那一只小鸟。当然,小鸟处于一定的位置——在地上,在树上。实际的经验所包含的内容比这些还要多。小鸟也正做着某些事情——飞、啄、吃食、鸣叫等等。关于鸟的经验,本身是复杂的,并非单一的感觉;其中包括许多相关的情况。这个事例有力地说明,为什么儿童下一次再看到小鸟时,他一定会"想起"在当时并不存在的某些其他的事情。这就是说,他现时经验中的一部分恰与先前经验中的一部分相似,那么,相似的这部分就会引起或暗示先前全部经验中某些相关的事物或性质;而被暗示的某些相关的事物或性质又可能依次地引起和它们有关的另外某些事物,这不仅可能发生,而且必定发生,除非某些事物的感知又引起另外的暗示的线索。在这一原始的意义上说,观念的出现,就如同某些事物偶然在我们面前出现一样,是我们无从自主的。这正如我们睁开眼睛,就会看到眼前的东西一样。所以,当我们脑海中出现暗示时,它们是我们过去经验的一种作用,而非出于我们现时的意志和意图。就"思想"的特殊意义而言,其实是说"它在想"(就像我们说"天在下雨"一样),而不是说"我在想"。只有当一个人试图控制那些决定暗示出现的种种情境并且肩负任务,去考察随着暗示会出现什么情景时,把"我"当作思维的主体和源头,才是富有意义的。

暗示的维度

暗示有各种各样的方面(或称之为"维度"),无论在其自身还是在其组合体上,都是因人而异的。这些维度是:(a)难易度,(b)广狭度,(c)深浅度。

a. 难易度。我们一般把人分成愚笨的和聪明的两类,这种划分的依据主要是从事物的诠释和事件的发生中得到暗示的难易程度。正如"愚笨"和"聪明"这两个词所显示的,有些人的头脑是不起作用的,或换个说法,它们只是被动地接受。他们对出现的每种事物都觉得单调乏味,无任何反应。可是,另外一些人却能反省,或者说能对刺激他们的事物提出各种看法。愚笨的人不能作出反应;聪明的人对事物有反应,并增加了对事物性质的认识。迟钝的人或愚笨的人必须有重大的刺激或强烈的冲击,才会将其转为暗示;聪明的人则迅速、机灵地以解释和暗示对未来的结果作出反应。

然而,教师却不能由于儿童没有对学校的学科以及教科书上的知识或教师提供的知识作出反应,便简单地认定其愚笨。那些被说成是"无希望"的学生,一旦碰到对他有价值的事情,如某些校外活动或社交事务等,却可以迅速而活跃地作出反应。实际上,如能将学校的课业置于不同的环境,用不同的方法去处理,也能打动学生的心扉。一个孩子在学习几何学时是愚笨的,但当把几何学与手工练习结合在一起学习时,他可能是相当迅捷的;一个女孩子看似难以掌握历史事实,然而,她对所熟知的人物或小说中的人物却能即刻评判其特点和功绩。除了生理残障或健康损伤的人以外,在各个方面都反应缓慢和愚笨的人是相当稀少的。何况,反应缓慢未必就是愚笨,一个善于思考的人对事情作周密的思考也需要耗费时间。

b. 广狭度。不论人们对事物作出反应的难易度如何,其所产生的暗示,在数量和范围上都不尽相同。确切地说,在某些场合,暗示有如"泉涌";在另一些场合,暗示仅仅是"涓流"。偶尔也有这种情况:外在的反应迟缓是由于暗示的数量过多,彼此牵制,形成犹豫和中止的状态；而一旦一种生动的、即刻出现的暗示占据头脑，就会排除其他暗示的发展。暗示范围过于狭小，表明了心理习惯的干枯和贫乏；有这种习惯的人如果学习大量的东西，将会变成书呆子。这种人多半是唠唠叨叨地讲来讲去，其杂乱无章的知识令人厌烦，同我们称之为"成熟的"、"活力充沛的"和"老练的"人是大不相同的。

只考虑少数可供选择的意见便得出结论，在形式上，这个结论可能是正确的；但是，与经过对比多种可供选择的暗示而求得的结论相比较，前者的意义并不充分和完美。另一方面，暗示过多和过杂也不利于思维习惯的最佳训练和发展。暗示太多，人们无法从中挑选，很难找出确定的结论，只能茫然地在众多的暗示中徘徊。心里浮现着众多的赞成与反对，从一件事上自然地转向另一件事，人们很难在实际事务中作出决定，或者很难在理论问题上作出结论。在这种对一件事思虑过多，或一种情境引出许许多多看法的情况下，人们的行动难免无所适从，从而一事无成。再则，大量的暗示可能使得它们之间的逻辑关系难以追寻，可能诱使心智避开研究事实关系的必要的艰苦工作，使人们去修饰既有的事实，构成一连串迷人的幻想，从而得到更多的适意的消遣。在暗示过多和过少之间保持平衡，乃是最好的思维习惯。

c. 深浅度。我们不仅要区分人们心理反应的难易度和广狭度，也要区分其发达程度——反应的内部性质。

一个人深谋远虑，另一个人思想浅薄；一个人追本溯源，另一个人浮光掠影，只触及最表面的现象。思维的这种性质，也许是最难靠学习而取得进步的；它对外部的影响，不论是有益于它的还是有害于它的，都绝少顺从。然而，学生接触教材的种种情况，可能迫使他理解含义最为深远的性质，或者只是促使他涉及浅薄的基础。人们一般假定说，只要学生去思维，不论哪种思维，都对思维训练有益处；并且，学习的结果是知识的积累——这两种假定都助长思维的浅薄，损害了富有积极意义的思维。有些学生对于实际经验具有精明敏锐的洞察力，他们懂得什么是富有意义的，什么是没有意义的；而涉及学校的课业，则似乎所有事项都同样重要或同样不重要了。各种事项似乎都是真实的；虽然付出理智的努力，但并未着力于鉴别各种事项，只是试图在字里行间找出种种语言文字的联结。

深度与迟缓。有时，反应的迟缓是与思考的深入紧密相联的。理解种种印象并把它们转变为清晰的观念，需要时间。"机敏"也许只是昙花一现。"慢而稳"的人，不论是成人还是儿童，其印象都能沉降并积聚，其思维同那些印象较浅的人相比，有着较高水平的价值。许多儿童由于缓慢，由于不能迅速作答而受到指责，其实，他们那时正花费时间积聚力量以便有效地处理面临的问题。在这种情况下，若不给他们提供时间和闲暇，就会使他们不能作出真正的判断，那就是鼓励迅速的但却仓促的浅薄的习惯。对问题和困难的理解的深度，决定随之而来的思维的品质；对任何习惯的训练，若只是鼓励学生为了长于叙述或显示记住的知识，对真正的问题像在薄冰上滑行一样，轻轻掠过，即违背了真正的思维训练的方法。

研究一些名人的人生是有益处的。他们在各自的职业生涯中，在成年时代实现美好的生活，而在学生时代却往往被认为是愚笨的。有时，早期的错误判断主要是由于儿童所表现出来的能力不被通常的旧的良好标准所承认，达尔文对虫、蛇和青蛙有兴趣这一事例就是如此。有时，早期的错误判断通常是由于这个儿童的反思性思维比起其他学生甚至是他的教师，处于更深的程度，当被要求迅速回答问题时，不能表现出其优势。有时，早期的错误判断一般是由于学生的自然模式与课本或教师的模式相冲突，而人们则采用后者作为评价儿童的绝对标准。

思维是特定的，而任何学科都可以是智能的

无论怎样，一位优秀的教师应该排除这样一种想法，即"思维"是一种单一的、不可改变的官能；他应该认识到，"思维"这个词表示个体获得关于事物含义的各种各样的方式，而且是因人而异的。一位优秀的教师也要排除另一类似的想法，即有些学科就其内在性质来说是"智能的"(intelletual)，具有不可思议的训练思维官能的魔力。思维是特定的(specific)，它不是一个机器般的现成的装置，能够被无差别地启动并适配所有学科，也不像灯塔里的灯那样，把光线投射到可能出现的马匹、街道、花园、树木或河流上。思维是特定的，因为不同的事物暗示它们本身特定的意义，体现它们本身独有的情况，而不同的人以不同的方式做到这一点。正如身体的成长是通过食物的消化吸收来实现的一样，思维的成长是通过教材的合乎逻辑的组织来实现的。思维活动并不像制造香肠的绞肉机那样，无差别地把所有原料归总起来，制成定型的、可以出售的商品。思维是一种能力，它把特定事物引起的特定的暗示贯彻到底，并联成一体。因此，任何学科，从希腊文到烹饪，从绘画到数学，都可以成为智能的学科；说它是智能的，不是指它固定的内部结构，而是指其特定的功能——其引起和指导富有意义的探索和反省的作用。有人用几何学训练思维，有人用操作实验装置训练思维，有人用音乐作品训练思维，有人用处理商业事务训练思维。

III. 秩序

反思性思维包含暗示的连续、组合或秩序

仅仅产生观念和暗示，可以称为思维，但并不是反思性思维，不是能引导出令人满意的结论的那种观察和思索——这就是说，一个令人相信的合理的结论要建立在种种理由和证据的基础上。没有连续秩序的观念，就只不过是"突然闯进头脑"的东西。人们常说，"我不过是偶然想到某事"。这种说法，用来说明没有连续秩序的观念，是十分贴切的。因此，另一方面，还需要把暗示转化为反思性思维——转化为具有秩序性和连续性的反思性思维。没有所谓的"观念的连续"或暗示的连续，便没有思维。可是，这种连续本身还不足以构成反思性思维。只有控制连续发生的观念，成为有秩序的连续；用理智的力量，从先前存在的观念中引导出一个结论来，这才是我们所要有的反思性思维。这种"理智的力量"对于形成一些有可信价值的可靠的观念来说，是具有重要意义的。

如果把简易、丰富和深厚这些因素适当地加以平衡或调配，我们就能达成思维的连续。我们既不期望思维缓慢，也不期望思维过急。我们既不希望胡思乱想，也不希望僵硬固执。思维的连续意味着材料灵活多样，并且在方向上单一而确定。它既不同于机械式的、整齐划一的因循守旧，又不同于像蝗虫那样的胡蹦乱

新
版
序

跳。有一类聪明的儿童能作出迅速、灵敏而多样的反应，教师们时常说："如果他们定下心来，什么事都能做。"可是，天啊，他们总是定不下心来！

　　另一方面，思维的连续并不是指思维不转换。我们的目的不在于狂热地追求呆板的首尾一贯。思维集中并不意味着暗示的固定，或把暗示狭隘地抑制起来，或使暗示的流动瘫痪无力。它意味着把变化多样的观念联合组成为谋求统一结论的持续单一的活动。把思想集中起来，并不是要求它静止不动，而是要求它朝着一个目标活动，就像一位将领统率他的军队去攻击或防卫一样。把思想放在掌握学科上面，就好像在航线上驾驶船只，船的位置不断地变动，而船只变动的方向是一致的。首尾一贯的、有秩序的思想就是在特定教材的范围内作出类似这样的变化。一贯性并不只是没有矛盾，集中性也只是没有转换——只有呆头呆脑地墨守成规和"酣睡"着的人，才会出现这种没有矛盾、没有转换的情况。各种变化多端和互不相容的暗示可能发芽并随之生长起来，然而，连续的、有秩序的思维却使每一个暗示与主要论题及主要目的联系起来。

思维的顺序总是间接地跟随着行动的秩序

　　大体上说，大多数人的思维习惯有秩序地发展，其基本的资源是间接的，而不是直接的。理智组织与为实现目的而采取种种手段的组织是相伴而生的，并在一定时期内相伴发展；理智组织的发生和发展，并不是直接诉诸思维能力的结果。为了实现思维以外的目的，其所需要的思维比起没有其他目的的为思维而思维，是更为有力的。通过有秩序的行动而获得一些有秩序的思维——对所有人来说，在初始阶段是如此；而对大多数人来说，或许终生都是如此。在正常情况下,成年人都从事某种职业、专业和事务;这种职业、专业和事务就成为稳定的轴线,他们的知识、信念以及探索和检验结论的习惯都围绕这个轴线组织起来。为了取得他们所从事职业的高效表现,必须扩大观察的范围,并作出正确的观察。凡是与此有关的知识,不只是搜集起来,杂乱地堆放在那里;而是按照需要加以分类,以便有效地使用它们。大多数人作出结论不是出于纯粹思辨的动机,而是由于需要高效地完成他们职业上的任务。他们作出的结论不断地由他们行动的结果来检验:那些无用的、散漫的方法便逐渐被淘汰;有秩序的行动则备受重视。由思维引出的活动及其结果,成为不断检验思维的准绳;在行动中富有成效的原理乃是主要的裁判。实际上,除了职业科学家以外,所有人的思维秩序都时常受到行动的裁判——这种行动是理智的,而不是墨守成规的。

儿童的特殊困难和特殊机会

这种资源是成人思维训练的主要支柱;在训练青年正确的思维习惯时,也不能轻视它。从年幼时起,儿童就要对行动和事物作出选择,以此作为达到目的的手段。要进行选择,就要对行动和事物加以整理,并且适应它们。这些活动又都需要判断。适宜条件有利于建立一种对反思性思维起促进作用的态度。可是,儿童和成人在关于活动的组织特性上,有很大的不同。这种不同,在活动的教育用途上应予以严肃的考虑:(1)活动产生的外在成果是成人更为迫切的需要,因而,它作为训练思维的手段,较之儿童,对成人更有效;(2)与儿童相比,成人活动的结果是更加专门化的。

1. 与成人相比,青少年选择和安排活动的范围是一个更为困难的问题。对成人来说,其活动的主要范围是由环境决定的。成人的社会地位——他是一个公民,一个户主,一个父亲或母亲,一个从事正式的工作或专门职业的人——规定了其将要从事的活动的主要特点,而且可以保证,他们几乎是自动地得到适当的和有关的思维方式。但是,对儿童来说,就没有这种地位和职业的固定性。他没有这样那样可供支配的连续活动的范围;而另外的事实,如别人的意志、他本人的任性,以及他周围的环境等,使他做出一种孤立的、暂时的行动。儿童缺乏持续的动机,加之具有内部的可塑性,因而增加了教育训练的重要性,同时扩大了寻找可能适合儿童连续活动的方式的困难;而对成人来说,他们从事各种重要的职业,参加各种社交聚会,就能够找到连续活动的方式。至于儿童,他们只得采取独特的方式,即听命于各种专断的因素、学校的传统、教育上时髦的风尚和幻想,以及起伏不定、互相冲突的社会思潮。一旦种种不适当的结果使人厌烦,便出现了相反的举动,即完全抛弃具有教育因素的开放性活动,仍旧依靠纯理论的学科和方法。

2. 然而,这种困难却又表明,选择具有教育价值的活动的机会,在儿童生活中比在成年人的生活中要更多一些。大多数成年人受到外界的强大压力,其职业中具有教育意义的价值——即对智力和性格反作用的影响(reflex influence)——虽然是真实的,但却是偶然的,并且几乎经常是额外的。青年人的问题和机会是选择有秩序的和持续的活动方式,以便逐渐进入和准备从事成人生活中不可缺少的活动;与此同时,青年人所选择的有秩序的和持续的活动方式,也能充分地证明其对形成思维习惯具有现时的反作用的影响。

关于开放性教育活动的极端意见

在对待开放性的有影响的活动方面，存在着两种极端的意见。教育实践向我们揭示了一种在两个极端之间频繁摇摆不定的倾向。

一种极端是几乎完全轻视开放性的教育活动。它所依据的理由是：这种活动是混乱的、无定向的，只是借助儿童心目中暂时的、未定型的爱好和任性来消闲取乐；即使避免了这类弊病，这类活动也不过是模仿成人生活中高度专业化的、或多或少具有商业性的活动，而这种模仿是令人讨厌的。如果完全允许学校开展这类活动，那是出于无可奈何，因为必须偶尔缓解一下由于长久的智力活动所引起的疲劳，或者迫于外界功利主义对学校提出的喋喋不休的要求。

另一种极端是热诚地相信各种活动几乎都具有魔力般的教育效能。只要不是被动地吸收学术性的和纯理论的教材，那么，什么活动都是好的。有关游戏、自我表现和自然生长等各种概念几乎都被援引，似乎是为了说明各种自发的活动都意味着必然能够训练思维的能力，这是人们所期望的。甚至援引神话般的脑生理学，用来证明任何肌肉的锻炼都能训练思维能力。

现实的问题：发现有价值的作业活动

当我们从一个极端摇摆到另一个极端的时候，一个最重要的问题却被忽略了。这个问题便是发现和安排最有价值的作业（occupations），它们应是：（a）最适合儿童发展阶段的；（b）有望成为为履行成年人的社会职责所做的准备；（c）同时，它们对形成敏锐的观察习惯和连续推理的习惯，具有最大限度的影响力。如果说好奇心与获得思维的材料有关联，暗示与思维的灵活性和思维能力有关联，那么同样地，行动的秩序本身虽然最初不是理智的，但它与形成连续性的理智能力是有关联的。

IV. 教育上的若干结论

一位最博学的希腊人曾说过，疑惑（wonder）是科学和哲学的创造者。疑惑并不等于好奇，但当好奇达到理智的程度，就与疑惑是一回事了。外部的单调呆板和内部的因循守旧是疑惑的死敌。惊奇、意外、新奇等都对"疑惑"起刺激作用。每个人都知道，活动的事物比静止的事物更容易被眼睛看到，身体的可动部分比固定部分有更大的触觉辨别能力，可动性愈大，触觉辨别力愈强。可是，人们经常以纪律和良好秩序的名义，使学校的状况尽可能地趋向于单调呆板和整齐划一。桌椅安放在固定的位置上，对学生实行严格的军队式的管理。长期地反复阅读同样的课本，排斥其他的读物。背诵内容，除了教科书中的材料，其他全在禁止之列。讲授中如此强调"条理"，而排斥自然发挥；同样地，也排斥新奇性和变化性。在管理制度较好的学校里，这样说也许是夸大了。但是，在以建立机械习惯和行动整齐划一为主要目的的学校里，激发求异精神并使其保有活力的情况必然是受到排斥的。

不幸的是，反对教育上机械的管理方法，经常产生倒退的副作用。人们把新奇本身当作目的，为新奇而新奇；其实，新奇只是刺激观察和探索的诱因。人们把变化性同良好思维的连续性对立起来。由于人们往往把秩序联想为外部的整齐划一，所以促进有效的智力活动的那种秩序也被冷眼相待。再者,学校中的大多数活动在时间上过于短暂,不容许把活动彻底展开,也不容许把一项活动引导到另一项活动;而做不到这一点,良好的反思性思维习惯就不能得到发展。为了准确地记住事情的细枝末节,反而把重大而完整的观点丢在了脑后。把获取知识等同于堆积孤立的条文,而不是当作消化吸收精神食粮。其实,如果知识是有价值的,应当把它们组织起来,成为有条理的思想。有一种古老的说法是:真正的艺术作品必定有"变化中的统一"的标记。的确,教学的艺术也证实了这种说法。如果一个人回忆起与那些为自己留下终身智力影响的教师的接触,那么,这个人一定会发现:虽然那些教师可能在教学中违反过许多教育学上的固定的规则,甚至在教学中扯得甚远,离开本题,好像在聊天取乐,但他们还是能保持思想的连续性,并有所成就;他们能够运用新奇性和多变性,使学生保持机敏的、严格的注意力;同时,他们利用这些因素,为确定主要问题和丰富主要论点作出贡献。

第四章

学校情境与思维的训练

I. 导言：方法和情境

形式训练与实际思维的对比

所谓的"官能心理学"（faculty psychology），是同教育上风行的形式训练理论携手并进的。如果思维是心智机器的一个独特部件，可以与对人或对事的观察、记忆、想象以及常识性判断分割开来，那么，就可以利用特殊设计的练习来训练思维，就好比一个人可以设计一些特殊的练习来锻炼他的上臂二头肌。某些学科本身被看作典型的训练理智或逻辑的学科，用来训练思维的功能同样是合情合理的，就好比某些器械比别的器械能够更好地发展臂力。除上述三种意见外，还有第四种意见，即方法是思维机器的一套操作程序，它对任何教材都能起到发动和运转的作用。

在前几章中，我们已试图说明：没有单一的和始终如一的思维能力，而只有这样的思维能力，即一些特殊的事物——观察到的、记忆中的、听到的或阅读到的事物——引起与问题或疑问有关联的暗示或观念，进而引导心智得出正当的结论，而这种思维能力，又表现为许许多多不同的方式。所谓训练，即是发展好奇心、暗示以及探究和检验的习惯；这种训练能增加对种种问题的敏感性和探究费解与未知问题的爱好，能增强头脑中浮现出来的暗示的合理性，并能以发展和累积的顺序控制其更替；这种训练能够为所观察和暗示的每种事实，提供更为敏锐的感觉能力与证明能力。思维不是一种可以割裂开来的心理过程；在思维过程中，要观察大量的事物，进行种种暗示。事物与暗示在思维过程中互相混合，思维促成它们的混合，并能控制它们。任何学科、课题和问题都具有开发心智的作用,其原因不在于学科、课题或问题本身,而是因为它们对任何特定的人的生活都具有指导思维的作用。

思想的训练是间接的

因为这些理由,关于形成反思性思维习惯的方法这一问题,其实就在于建立能够引起和指导好奇心的各种情境,在于建立经历过的各种事物的联结,以便促进暗示的流动,引出各种问题,确定各种目的,有利于形成思想继承的连续性。这些话题以后还将详细讨论,这里只是提出一两个例证来更清楚地说明缺少合适的情境会造成什么样的结局。当儿童要提出一些问题时,却让他们默不作声;儿童的探索和研究活动有其不便之处,因而被视作麻烦事;学生被教导记住各种事物,因而仅仅建立了单向的言语联想,而非各种事物本身多样的、灵活的联结;没有提供学生向前看、作出预见的各种计划和方案,而只有按这种计划和方案去做,才能在完成一件事之后提出新的问题,设想出新的方案。教师可能会设计出各种特殊的直接训练思维的练习,但只要这些错误的情境存在,那些练习就注定要落空。只有控制引起思维和指导思维的种种条件,思维训练才能获得成效。

在训练思维习惯的工作中,教师所面临的问题是双重的。一方面,他需要研究个体的特质和习惯(我们在上一章已谈过);另一方面,他需要研究种种情境,这些情境或好或坏地影响了个体日常表现自身力量的趋势。教师应当认识到,所谓方法,不仅包括那些为训练心智而有意设计和使用的方法,而且包括那些无意识的、不自觉的方法——诸如学校的环境和管理制度,这些能够对儿童的好奇心、反应力和有秩序的活动产生作用的事物。如果一位教师既长于研究个体的心理作用，又长于研究学校情境对个体心理作用的影响；那么他就有能力选择更狭窄、更具技术性的教学方法——在诸如阅读、地理或代数等特殊学科中更能取得成果的最好的方法。如果一个人不能清醒地认识到个体的各种能力，也认识不到整个环境对这些能力不自觉的影响，那么，即使最好的技术性的方法貌似取得了直接的结果，也是以形成根深蒂固的、不易根除的坏习惯为代价的。

普通的和特殊的情境

教师经常被一种倾向所诱惑，即把注意力固定在学生活动的有限的领域内。他经常考虑的问题是：学生在算术、历史、地理等特殊题目上是否有了进步？当教师把注意力完全放在这些事情上面的时候，就会忽视培养学生基本的和持久的习惯、态度和兴趣。然而，养成基本的和持久的习惯、态度和兴趣，对于学生未来的生活是更为重要的。事情还有另外的一面，那就是当教师专门注意似乎能够影响一时的课业的特殊情境时，反而忽视了更为普通的情境，即前一章里提到的影响建立持久的态度，特别是个性特质、虚心精神、全心全意和责任感等的情境。因而，我们将把那些特殊的方面放在次要地位，在本章中主要讨论某些对有效的心理习惯的发展具有影响的更为普通的学校情境。

II. 他人习惯的影响

只要观察一下人类本性中的模仿性，就足以想象他人的心理习惯对受教育者的态度具有多么深厚的影响。榜样比训导更为强而有力，教师最好的、有意的努力可能被其个人特质的影响抵消掉，而这些个人特质是他没有意识到的或者认为不重要的。各种在技术上有错误的教学和训练方法可能被其个人特质的感化渲染得几乎无害。

教师是使思维作出反应的刺激因素

然而，把教育者（不论是家长还是教师）外来的影响局限到儿童的模仿之上，这是对他人思想影响力极其肤浅的看法。模仿只不过是更深的原则，即刺激和反应原则中的一个事例。教师所做的每件事情以及他们采取的方式，都会引起儿童这样或那样的反应，而每种反应都使儿童养成这样或那样的态度。甚至儿童表现出来的对成年人的漫不经心的态度，也常常是对无意识的训练结果的一种反应。[①] 教师很难成为（甚至永远不能完全成为）把知识传入另一个人头脑里去的透明的媒体。对儿童来说，教师人格的影响和课业的影响是紧密融合在一起的；儿童难以割裂甚至难以区分二者。当儿童面对呈现给他的事物作出或向或背的反应，其实只是一种转述，他本人几乎不能清楚地了解自己喜欢什么、不喜欢什么、赞成什么、厌恶什么；儿童的反应不仅依据教师的行为，也依据教师任教的学科。

教师对于学生的道德和礼貌、特性、语言和交际习惯等具有影响，其影响的程度和影响力几乎是被公认的。但是，把思维当作一种孤立功能的倾向，使教师常常意识不到自己的影响力，意

[①] 一个四五岁的孩子在母亲反复召唤其回家的时候没有作出明显的反应。有人问他是否听到了，他的回答很有意思："哦，是的，但她还没有激动地大声叫。"

识不到这种影响在理智的活动中同样具有实在的和普遍的作用。教师和儿童一样，或多或少只把注意力固定在一些主要方面，或多或少有一些死板和僵化的反应模式，而且或多或少对于发生的事务显示出理智的好奇心。这种态度是教师教学方法中不可避免的一部分。教师只是不经意地接受漫不经心的语言习惯、草率的推理和莫名其妙的字面上的反应，而这样做，就等于认可这类倾向并将其内化为习惯。于是，这些倾向普遍存在于师生的全部接触之中。在这错综复杂的领域中，我们可以提出需要特别注意的三点来。

a. 以己度人。大多数人并不十分了解自己的心理习惯的特殊性。他们把自己的心理作用看作理所当然的，并且无意识地把自己的心理作用当作判断别人心理过程的标准。[①] 因而导致了一种倾向，即凡是学生同教师态度一致的，便受到鼓励；不一致的，便受到轻视或误解。人们常常认为与实际事务相比，理论学科对于思维训练具有更高的价值。这种过高估计理论学科的看法，多半是由于教师的职业使其倾向于挑选理论水平特别高的人，而排斥那些执行能力显著的人。按照这个标准选拔出来的教师，用同样的标准去判断学生，鼓励那些与自身性格相似的、偏重于智力发展的学生，而排斥那些认为实际才干更为紧要的学生。

b. 过分地依靠个人的影响。教师们，特别是那些影响力较强和较好的教师们，依靠自己的强势地位促使儿童学习，因而，他们

---

① 具有数字构型（*number-forms*）的人会把数字系列投射到空间中，按照某种形状排列它们。当被问到他们先前为什么没有提到这一事实时，他们通常回答说，这对他们来说从未发生过；他们认为，每个人都有相同的习惯。

的个人影响就代替了教材的影响成为学习的动机。教师在其经验中发现,他的个性经常发生有效的作用,而教材控制学生注意力的作用几乎为零。于是,教师愈来愈多地运用自己个人的影响,直至学生与教师的关系代替了学生与学科的关系。这样,教师的个人影响就变成了学生个人的依赖性和软弱性的起因,使得学生对教材价值采取漠不关心的态度。

c. 只图让教师满意,而不钻研问题。如果不细心地加以审视和指导,那么,教师的个人心理习惯行为就会倾向于让学生学习教师的特点,而不是学习教师所教的学科知识。学生所关心的主要是使自己适应教师的期望,而不是尽力去掌握教材中的问题。"这是对的吗?"这句话的含义变成了"这样回答或这样处理能使教师满意吗?"——而不是"这个答案是否符合问题内在的各种条件?"否认儿童在学校里研究人类本性的必要性和价值,那当然是愚蠢的古怪想法;但是,如果学生的主要智力活动是为了得出使教师满意的答案,其成功的标准也不断适应别人的要求,这显然是不足为训的。

III. 学科性质的影响

按照惯例,人们把学科划分为三类:(1)获得实践技能的特殊学科,如阅读、书写、计算和音乐;(2)主要为获得知识的"知识性"学科,如地理、历史;(3)工作的技能和知识扩增不占重要地位,而更注重抽象思维的"推理的"、"训练性的"学科,如数学、形式语法等。① 每一类学科都潜藏着特殊的弊病。

训练性学科可能脱离实际

在所谓训练性学科或明显地具有逻辑性的学科中,存在着理智活动与日常生活事务分离的危险。教师和学生都倾向于在逻辑思维中设置陷阱,例如对于某些抽象的和遥远的事物,以及日常事件中专门的和具体的要求,就常有这种分隔开来的情形。抽象往往会趋向超然,以至于与实用脱离,与实际和道德毫无关联。专业学者一旦离开他们自己的研究领域,就容易出洋相;他们的推理和语言习惯容易偏激过度,他们在实际事务中缺乏作出结论的能力,他们在自己的学科中全神贯注,以自我为中心。这些都是极端的事例,表明了完全与日常生活脱离接触的学科所具有的不良的作用。

技能性学科容易变成纯机械式的

技能性学科的危险与训练性学科的危险正好相反,技能性学科主要强调获得技能。这类学科要通过最简捷的途径,尽可能地得到所需要的结果。这样一来,这类学科就变得机械,因而限制了理智的能力。在阅读、书写、绘画和实验技术等的学习中,需要节约时间和材料,需要灵巧和精确,需要敏捷和规范。这些都是至关重要的,它们本身变成了学习的目的,因而就顾不得其对一般心智态度所产生的影响。纯粹的模仿、采用指定的步骤、机械式的练习均可能最快地取得效果,但并不能加强特征,反而可能

---

① 当然,任何一个学科都有三个方面。例如,在数学中,计算、读写数字、快速加法等都是熟能生巧的;重量表和尺寸表与知识有关,等等。

对反思性思维能力产生致命的影响。学生们被命令做这种或那种具体的事情却不知道任何缘由，只知道这样做可以以最快的速度达到所要求的结果；学生的错误被指出并改正；学生只是单纯地重复某种活动，以便达到机械式的自动程度。后来，教师们发现，学生读书几乎没有领悟书中的含义，学生进行演算而几乎对演算的课题没有什么理解，于是乎才惊奇起来：这是怎么搞的？在某些教育信条和教育实践中，心智训练的观念总是和几乎不能触及心灵——或更坏地触及心灵——的训练混杂在一起，很难期望把它们分清，这是因为完全把技能训练的外部效果作为信奉的依据。这种方法把人类的思维训练水平降低到动物训练的水平。只有在获得实际技能和各种有效技术的过程中发挥理智的作用，才能理智地、非机械地运用实际技能和技术。

知识性学科可能无助于发展智慧

在知识和理解之间也经常存在着一种错误的对立状态，特别是在高等教育中。有一派人坚持主张必须把获取学识放在第一位，因为只有在掌握实际教材的基础上，才能发挥智慧的作用。另一派人则认为，发展思维能力才是主要的事情，只有专家和研究生等人才把掌握知识本身作为最好的目的。其实，我们真正急需的是在获得学识——或技能——的同时，锻炼思维。知识与智慧的区分是多年来的老问题，然而还需要不断地重新提出来。知识仅仅是已经获得并储存起来的学问；而智慧则是运用学问去指导改善生活的各种能力。知识，只是单纯的知识，不包括特殊的理智能力的训练；而智慧则是理智能力训练最好的成果。在学校中，注意积累知识时常意味着疏忽发展智慧的观念或良好的判断力。学校的目标似乎经常是——特别是在地理学这门学科中——让学生成为所谓的"无用知识的百科全书"。他们认为，让学生掌握"无所不包的原理"，才是当务之急，而培养心智乃是低劣的、次等的事。当然，思维不能在真空中进行，暗示和推论只能在头脑里发生；而头脑里必须具有知识，以作为暗示和推论的材料。

但是，是把获得知识本身当作目的，还是把获得知识当作思维训练不可或缺的一部分，这两者是全然不同的。假使认为积累起来的知识即使不应用于认识问题和解决问题，以后也可以由思维任意运用，这是十分错误的。只有通过智慧获得的技能，才是可由智慧随意支配的技能；另外，只有在思维过程中获得的知识，而不是偶然得到的知识，才能具有逻辑的使用价值。有些人几乎没有什么书本知识，但他们的知识是同在特殊情况下的需要联结在一起的，因此，他们时常能够有效地运用他们所具有的那些知识；而一些博学多识的人，却时常陷入大堆知识之中不能自拔，这是因为，他们的知识是靠记忆而非思维的作用得来的。

IV. 当前流行的目的和观念的影响

当然，目的和观念不可能与刚讨论过的多少有些不可捉摸的情况分割开来。谋求技能的自动性和知识的数量乃是在所有学校中盛行的教育观念。然而，我们可以辨别某些特定的倾向。例如，依据表面结果的立足点来判断教育，而不顾及个人态度和习惯的发展。依据结果的观念而不顾及获得结果的心理过程，这种倾向体现在教学和道德训练中。

提高表面标准的地位

　　a. 在教学中。在教学中重视表面标准,表现为强调获得"正确答案"的重要性。有人认为,在教师的心目中,教师的主要工作是让学生正确地诵读他们的功课,而不是把注意力集中到思维训练上。这种看法必然会铸成不可挽回的错误,或许没有别的事情比这更为严重的了。只要过分地抬高这种目的(不论是有意的还是无意的),那么,思维训练必然处于偶然和次要的地位。关于这种观念如此流行的原因并不难理解。教师要与大量的学生相处,而且家长和学校当局要求协力使学生取得迅速而确实明显的进步。这一目的只要求教师具有教材的知识,而不要求教师了解儿童;更有甚者,要求教师关于教材的知识只囿于有限的特定的那一部分,以便学生更为容易地掌握。以改善学生的理智态度和方法作为标准的那种教育,则要求教师具备更严格的预备训练,因为这种教育要求教师对于个体的心智具有同情的和理智的观点,并且要求教师能够非常广博地、灵活地掌握教材——从而使教师做到需要什么知识,就能选择和运用什么知识。最后,采用这种表面的结果作为标准,目的在于自然地适应学校的管理机制——如考试、记分、分级、升级等。

　　b. 在行为中。表面标准的观念对于品德的培养也有巨大的影响,使行动遵从各种戒律和规则是最容易的事,因为那是最机械的标准。至于训导的教条程度或其对传统、习俗和社会上层人士的命令的恪守程度,这些在道德训练中应扩展到什么程度,不是我们现在所要论及的。但是,因为行为的问题是所有生活问题中最深刻、最普遍的问题,行为的方式影响着个人的心智态度,尽管这种态度与任何直接的、有意识的道德问题相距甚远。实际上，每个人心智态度的最深境界是由他处理品行问题的方式所决定的。对待这个问题，如果把思维的作用，把严肃探索和反省的作用，降到最低限度，并期望思维的习惯能在次要的事务上发生强大的影响，这是没有道理的。另一方面，在意义重大的行为问题上，主动探索和深思熟虑的习惯能提供最好的保证，使一般的心理结构趋向合理。

在思维中有训练的迁移吗？

前面刚刚说到的论点引出了一个问题。有时人们会问：否定了借助于形式训练能够训练特殊官能的观念，是否也要否定思维训练的可能性呢？这个问题从已经提到的思维性质的概念（即它不是一种"官能"，而是各种材料和活动的组织）和思维与客观情境的关系中，可以得到部分答案。但是，这一问题还有另外一面，即所谓"迁移"（transfer）的问题。这个问题是：在处理一种情境或一项学科时获得的思维能力，在处理另一学科和另一情境时是否具有同等的效力？一位科学家在实际事务中可能表现得像个孩童，他在政治或宗教事务中可能违反其在专业领域中所细心遵守的各项法则，这就表明，迁移并不一定是必然的。现在，人们普遍承认，共同因素是所谓"迁移"的基础。也就是说，把技能和理解从一种经验带到另一种经验中去，所依靠的是两种经验中存在相似因素。最简单的例子是儿童对于观念和语言的扩展应用。一个年幼的儿童对于四足动物的理解局限在一条小狗上，这会导致他把所有四足的、一样大小的动物都称为"狗"。相似性往往是一座桥梁，心灵通过它从一种先前的经验到达另一种新的经验。思维是一种自觉地理解共同因素的过程，这一点我们将在以后详加论述;思维大大地增益了共同因素的有效性,以便达到迁移的目的。如果我们的头脑没有抓住并掌握这些共同的因素(例如标志"狗"的那些基本因素),那么,任何迁移的发生都将仅仅是盲目的、纯粹偶然的。因而,对于那种相反的意见,即认为形成思维的一般习惯是不可能的那种说法,我们首先要回答的是:思维正好是使迁移成为可能的因素,是控制迁移的因素。

越是专门性(technical)的学科,它给思维提供的赖以活动的共同因素越少。事实上,我们几乎可以设计一个测验来考察任何学科、题目或事务的专门性质;其与日常生活经验隔离开来,在多大程度上是因为缺少共同的因素? 对一位刚刚开始学习代数学和物理学的人来说,"指数"和"原子"的观念是专门性的,这些观念是孤立的。他不了解这些观念与他日常生活经验中的事物和活动之间的联系,不了解这种联系的意义;甚至他在学校生活中经验过的材料,似乎也不包括这种联系的意义。相反地,对自然科学家来说,这些观念的专门性相对较弱。因为他们在科学研究中积累了很多经验,这些观念已经变成普通观念了。在经验的早期阶段,除了专家以外,人们绝大部分经验的共同因素是人的因素,这种因素与个人与个人、个人与群众的关系联结在一起。对一个儿童来说,最重要的事情是他与父母及兄弟姐妹的关系。这些与他们相联结的因素,在儿童的大部分经验中反复出现。这些因素大量地渗透到他的经验中,并为其增添新的意义。因而,这些人的和社会的因素可以而且最容易从一种经验迁移到另一种经验。它们提供的材料最适合发展思维的概括能力。很多小学在发展反思性态度方面表现得如此无能,原因之一是儿童进入学校生活时,生活突然出现了一个裂口;儿童的学校生活经验与那些渗透了社会价值和社会性质的经验之间，出现了一条裂缝。因为学校是孤立自存的，学校教育便具有专门的性质；因为学校生活与儿童的早期经验之间没有共同因素，儿童的思维便不能发挥作用。

第二部分

逻辑的探讨

第五章 反思性思维的过程和结果：心理过程和逻辑形式

I. 形式的思维和实际的思维

教科书中的逻辑

当你阅读有关逻辑学的读物时,可以在其中找到诸如特殊、普遍、外延、内涵等术语分类;可以找到诸如肯定的、否定的、全称的、特称的等命题分类;可以找到三段论式中的一些论证。三段论式中一个人们熟悉的命题是:所有的人都是要死的,苏格拉底是一个人,所以,苏格拉底是要死的。形式推论的一个特点是可以把特殊的、专门的事物排除掉,在空缺的地方添进任何实质性的事物。这样,就可提出三段论的形式,即所有的 M(在上例中,M 就是人)是 P,所有的 S 是 M,所以,所有的 S 是 P。在这个公式中,S 代表结论的主项,P 是谓项,M 是中项。中项出现在两个前提内,把 S 和 P 联结在一起;若没有中项,S 和 P 在逻辑上就不能联结。故中项成为"S 是 P"这个断言的基础和理由。在不能成立的推论中,中项不能把结论的主项和谓项紧密地、完全地联结在一起。在三段论式中,无论是肯定的还是否定的,都可以提出许多规则,使之含有暗示结论的前提,而排除不正确的形式。

实际思维与形式逻辑的区别

在任何人的头脑中,形式推理和实际思维这二者都有重要的区别。(1)形式逻辑的论题纯粹是一般性的,很像代数学里的公式。这些形式是独立的,与思想者的态度无关,它也不决定思想者的愿望和意图。另一方面,如我们已经指出的,任何人的思维都依据他们的习惯来进行。如果思想者具有细心、透彻的态度,那么,他的思维便可能是好的;如果思想者轻率鲁莽,没有观察能力,懒惰,感情用事,以个人利益为标准,等等,那么,他的思维在某种程度上便是糟糕的。(2)逻辑的形式是恒常的、不变的,不论人们在逻辑形式中加进什么论题,逻辑形式本身依然如此。如同"2+2＝4"一样,不论数字代表什么事物,这个公式本身没有任何变化。实际思维是一个过程,它时刻发生,时刻进行。总之,只要人们在思维,那么,它就处于不断变化的过程之中。它的每一个步骤都涉及论题。就其实质内容而言,一部分是所遇到的障碍使人产生疑难和困惑的问题,另一部分是指出理智地解决困难的途径。(3)逻辑的形式是统一的,它适用于任何一个论题,而不必考虑论题的实际内容。另一方面,实际思维要经常参照某些实际的内容。正如我们已经考察过的,实际思维是从处于思维以外的、其本身尚未确定的情境中产生的。我们可以比较一下形式逻辑和实际思维的不同:在形式的三段论式中,苏格拉底是必定要死的;而在苏格拉底接受审判时,他的弟子们的心理状态是期望苏格拉底能继续活着。

作为逻辑的形式或结果的思维与作为心理过程的思维

从以上的比较得知,可以用两种不同的观点去考察思维。本章的标题已指明了这两种观点。我们把它们称为结果和过程——逻辑的形式及存在,或是心理过程。也可以把它们称为历史的(或时间顺序的)和超时间的。形式是长久的,思维是有时间性的。显然,教育上主要考虑人类个体所实际产生的思维。教育的任务是培养适合有效思维的态度并且选择和安排教材,以及为了促成有效的思维态度,配合教材选择和安排一些活动。

然而,不能因为教育上主要关心具体的思维,就说形式的推论完全没有教育价值。只要安排得当,形式的推论也有其价值。所谓安排得当,是就"结果"而言的。它把实际思维的结果排列成一些形式,用来检验实际思维的价值。打个比方,设想一下,一张地图是经过探险和测量而制成的,地图是探险和测量的产物,而探险和测量则是过程。地图是结果,地图制成之后就能使用,而不必去考虑制造地图时所经历的旅行和探险活动,尽管如果没有旅行和探险活动,地图就不可能存在。当你查看一张美国地图时,只是为了使用它,而不必考虑哥伦布、钱普莱恩(Champlain)、路易斯(Lewis)和克拉克(Clark),以及另外数以千计的人们,尽管地图体现着这些人付出的种种艰辛和努力。

现在,这张地图就在你面前。我们可以恰当地称它为形式,任何人都可以使用它,到各地进行特殊的旅行。并且,如果一个旅行者知道如何利用地图,地图就能供他使用:检查自己所处的位置,指引自己的行动。但是,地图并不能告诉旅行者走向何处去,只有旅行者自身的愿望和计划才能决定他的旅行目的,如同旅行者先前的愿望和计划决定了他现在所处的位置,以及他现在要从哪里出发一样。

实际思维不采用逻辑的形式,但思维的结果用逻辑形式来表述

逻辑学读物中提供的逻辑形式,其本身并不能告诉我们如何思维,甚至也不能告诉我们应当如何思维。没有人按照三段论法的形式去得到苏格拉底或任何别的人会死亡的这种观念。然而,如果一个人搜集并解释种种证据,得出了人都会死亡的这种结论,而又想向别人阐明结论的理由,那么,他就可能采用三段论的形式;如果他想要用最简洁的方式说明他的论据,那么,他一定会运用三段论的形式。例如，一位律师事先知道自己要证明什么事项，他的头脑中已经形成了一个结论，他希望向别人说明自己的结论，使别人信服，那么，这位律师就很可能把他的种种理由按三段论的形式组织起来。

简而言之，这些形式不是用于获得结论，不是用于取得信念和知识，而是作为最有效的方式来说明已经推断出来的结论；同样，这些形式也可以用来说服别人相信结论的正确性（如果一个人想回顾一下自己结论的理由是否充分，也可以用这些形式）。在获取实际结论的思维中，人们进行种种观察，以至于离开本题，引出错误的线索，作出没有成效的暗示，从事多余的活动。正是因为你并不知道自己所面临问题的答案，所以必须在黑暗中向前探索，至少是在微暗不明的情况下探索。你开头探索的那些方面，最后又放弃了。当你仅仅是在探索真理的时候，不可避免地会有一些盲目性，你探索真理时的观点和你掌握真理时的观点是有根本区别的。

具有特性的结论获得和采取的逻辑形式，并不能规定我们在疑难和探索的情况下期望获得结论的方式。然而在反省的过程中，却可能出现一些不完整的结论；会有一些临时的中止点，这个中止点便是以前思维的终点，也是后续思维的起点。我们并不能一下子就得出结论。在每一个中止点上，要回过头来，看看走过的行程，并且检查一下以前思维的内容对结论的获得具有多少影响，以及是怎样发生影响的。这样，前提和结论就同时确立了彼此的关系，并可以用公式把这种关系表示出来。这样的公式，就是逻辑形式。

实际思维有它自己的逻辑;它是有秩序的、合理的和反思性的

反思性探究的过程和反思性探究的结果之间的区别,并不是固定的和绝对的。我们把过程称为"心理的",把结果称为"逻辑的",并不意味着只有最后的结果才是逻辑的,或者那些及时地参与一系列步骤并涉及个人愿望及目的的活动不是逻辑的。更确切地说,我们必须区分应用于结果的逻辑的形式和那种可以而且应当属于过程的逻辑的方法。

我们所说的历史的"逻辑",即是说种种事件向着一个最终的顶点有次序地运动。我们说,一个人的行动和谈话"合乎逻辑",而另一个人的行动和谈话"不合逻辑"。这并不意味着前者的活动、思维或谈话是遵循三段论式的,而是指他所说的和他所做的是有秩序的,具有连贯性;他所采用的方法是经过精心计算的,以便达成其所设想的目标。在这种场合下,"合乎逻辑"和"合乎道理"是同义词。而那个"不合逻辑"的人,却是毫无目的地徘徊不定;他不由自主地离开了自己的论题;他漫无目的地左顾右盼;他不仅一下子作出结论(某些时候我们所有人都必须这么做),而且未能回过头来考察一下,看他匆忙作出的结论是否具有站得住脚的证据。他对自己的所作所为没有自知之明,因而他的一些说法总是矛盾的、前后不一致的。

另一方面,一个思维合乎逻辑的人在自己的思维中是细心的,他尽心竭力地确保自己有据以判断的证据;在取得结论之后,他用证据来检验结论,看其结论是否站得住脚。总之,把逻辑应用在思维过程中,就意味着思维的进程是反思性的;在这个意义上,可以把反思性思维与其他各种思维区分开来。一个手艺笨拙的人能够制造出一个箱子来,可箱子的结合处不能准确地吻合,箱子的边缘凹凸不平。而一个技艺娴熟的人制造箱子时,却能节约时间,节省原料,制造出来的成品坚实美观。对于思维的优劣,也可以这样去辨别。

我们说一个人是有思维的,不是指他单纯地沉溺于思维之中而自满自足。真正有思想的人,其思想必定是合乎逻辑的。有思想的人细心而不轻率,他们观察形势,谨慎周到而不盲目前进。他们审时度势,深思熟虑。这些词意味着细心地比较和权衡种种证据和假设,对证据和假设作出评估,以便在解决问题时依据它们的威力和重要作用。此外,有思想的人考察各种事实,通过仔细察看和审查,然后作出检验。换句话说,他所观察的并非事物的表面价值,而是深入探究其所观察的事物究竟是什么。"脱脂牛奶冒充奶油";真菌状物看起来像是可食用的蘑菇,其实那是有毒的;黄铁矿石似乎像黄金,但它仅仅是黄铁矿石。我们能毫无疑问地接受所谓"感觉的证据"的场合是相当少的。太阳并不是绕着地球运转,月亮看起来有圆有缺,而实际上,它的形状并没有发生变化,如此等等。一个合乎逻辑的人,必须检查他所观察到的事实是否可靠。最后,有思想的人"根据情况进行推论"(puts two and two together)。他要进行评定、推测和计算。"理性"(reason)这个词从词源学上讲,是与"比例"(ratio)相联结的。在这里,其潜在的含义是关系的准确性。所有的反思性思维都是发现种种关系的过程;它表明,良好的思维并非满足于发现"随便什么关系"(any old kind of relation),而是找出情境所许可的准确规定的关系。

总结

因此，我们使用"心理的"这个词，不是要把它与"逻辑的"对立起来。只要实际的思维过程真正是反思性的，那么，它就会是灵活的、细密的、彻底的、确实的和准确的，是一种有秩序的过程。简单地说，这便是逻辑的。当使用"逻辑的"这个词时，我们是为了把它与实际思维的过程区别开来。我们头脑中对于特殊的思维过程的最终结果，有一种形式的排列；这种排列可概括为基本的结论，并提出结论所依据的准确的理由。模糊的思想，其结果一定是未完成的，对其要证明什么或要达到什么目的也只有一个模糊的了解。真正的反思性活动必然以取得结果告终。把所得的结果尽可能明确地表述出来，使它变成一种真正的结论。反思性的活动也必须对结论所依据的材料作出观察和审视，并把这些材料表述出来，作为结论所依据的前提。例如，几何学的推论总是在最后表述它所证明的结论。如果不是单凭记忆，而是从思想上理解那些理由，那就领会了推论的命题，领会了前面业已证明的事项。

II. 教育与形式的关系

学习就是要学会思维

从上文可知，就教育的理智方面而言，教育是与培养反思性思维的态度紧密相关的。已有的反思性思维的态度要加以保持，比较散漫的思维方法要加以改变，尽可能地形成严密的思维方法。当然，教育并不只是局限在理智的方面，它还要培养实际有效的态度，加强和发展道德的素质，培养美的鉴赏能力。但是，在所有这些事项中，至少要有一种有意识的目的，即要有一个思想的因素。否则，实际的活动便是机械的、因循守旧的，道德也会流于轻率和独断，美的欣赏就会成为感情的冲动。但是，在下文中我们将只限于说明教育的理智方面。我们强调指出，教育在理智方面的任务，是形成清醒的、细心的、透彻的思维习惯。

当然，理智的学习包括积累知识和记住知识。但是，如果不理解知识，那么，知识便成了一堆未经消化的负担。只有理解了的东西，才可称之为知识。所谓理解和领会，是指能够把握已获得的知识的各个部分彼此之间的关系。只有不断地对所学的东西进行反思性的思维，才能达到这种结果。字面上的、机械的记忆和老作家们所谓"明智的记忆"之间，有着重要的区别。后者使人了解保持知识和回忆知识之间的关系，因而它能够把知识运用到新的情境中；而字面上的记忆，则完全做不到这个程度。

我们所说的"心理的思维"，正是这种现象发生的实际过程。在特殊的场合下，它可能是散乱无序的，或者只是一种幻想。但是，如果总是处于这种状态，那么，这种思维不仅没有用途，而且恐怕难以维持其存在。如果思维不与实际的情境发生关系，如果不是合乎逻辑地通过这些情境进而求得有结果的思想，那么，我们将永远不会搞发明、做计划，或者永远不会知道如何解决困难，走出困境。正如我们已经提到的，内在的因素和环境的压力引导思维真正地具有逻辑的或反思性的性质。

两个教育派别都忽视了思维过程和思维结果之间的联系

令人吃惊的是，两个对立的教育派别都忽视了思维的实际过程和思维的结果之间内在的、必然的联系。

一个派别认为，人的思维本来就是不合逻辑的过程，而逻辑的形式是外部强加给思维的。该派别假定只有系统的知识才具有逻辑性；只有吸收合乎逻辑的、现成的教材，思维的作用才会具有逻辑性。在这种情况下，逻辑的系统表述并非个人思维过程的结果，它由别人作出并以完成的形式呈现出来，而与求得这种形式的过程无关。他们认定，通过一些幻术，就能把逻辑性传入学生的头脑中去。

我可以举出一两个例证，把上述内容的意思再明确一下。假定我们讨论的学科是地理，那首先要说明地理的意义，由此将地理与其他学科区别开来。然后，从比较简单的单元到比较复杂的单元，提出科学的、有系统的发展所依据的各种抽象名词——极地、赤道、黄道、气候带，一个一个地加以说明并作出定义；而后，再以同样的方式提出更具体的事实——大陆、岛屿、海岸、海角、岬角、地峡、半岛、海洋、湖泊、海滨、内海、海湾，如此等等。学生在学习这些教材时，不仅获得了重要的知识，而且由于接触现成的逻辑定义、概念和分类，逐渐获得了逻辑推理的习惯。

这类方法适用于学校中的每一门学科——阅读、写作、音乐、物理、文法、数学等。例如，绘画就可以按照这种理论去教，因为所有的图形都是直线和曲线的组合，最简单的步骤是首先让学生获得能力，以画出各种不同位置的直线（水平线、垂直线、各种角的对角线）；然后，让学生学习画各种典型的曲线；最后，学习把直线和曲线联合起来，作出各种排列，构成真正的图画。这似乎是理想的"逻辑的"方法，以因素分析为开端，然后按照有规则的次序进行愈来愈复杂的综合。这样做，每个因素都明确了，因而能够被清楚地理解。

即使不采取这种方法的极端形式，也很少有学校（特别是初级学校的中、高年级）不受过分重视形式的影响，因为如果学生要合乎逻辑地得到结果，大概需要使用这些形式。人们认为，总有一些按照特定次序安排的特定的步骤用来明显地表达对一门学科的理解，学生必须能够"分析"这些步骤。也就是说，要学习特定的机械的叙述公式。这种方法通常在文法和数学学科中极为盛行，同样影响着历史甚至文学领域，以简化智能训练为借口，做纲要，搞图解，以及进行其他的划分、再划分计划。儿童记忆这种人为的、呆板乏味的成人逻辑模式，使他们生动的逻辑思维活动逐渐陷入愚笨、矛盾和没有成效的状态。教育学之所以名声扫地，多半是由于教师们采用了这种被误解的逻辑方法。有许多人认为，"教育学"就是一套机械的、刻意的手段，用某些铸铁模型似的外部计划来代替个体的心理活动。

从上述事例中，可以明显看到，这种教学计划是把逻辑的与教材的某种形式特征看作同一的；把逻辑的完全等同于在特殊领域内的专家按照特定的联结原则所作出的关于教材的规定、提炼、细分、归类和组织。他们把这些教学方法看作技术手段，认为使用这些手段就能精心复制数学、地理、文法、物理、生物或者不论什么学科中的材料，把它们相似的性质输入学生的头脑；认为儿童心智的自然的作用是无关紧要的，甚至妨碍儿童获得逻辑的能力。因而，这一派的口号往往是"纪律"、"克制"、"自觉努力"、"必要任务"等。从这个观点出发，体现在教育工作中的逻辑的因素是教材，而不是学生的态度和习惯；只有当儿童的学习与外界的教材相符合时，他们的心智才能变成合乎逻辑的。为了使儿童的学习与教材相符合,首先就要由教科书或教师把教材分析为种种逻辑成分;然后,对每一种成分下定义;最后,把所有的因素按照逻辑公式或普遍原则,整理成若干组或若干类。这样,学生逐条地学习各种定义,逐步地增加定义的内容,形成逻辑体系;由此,学生本身也逐渐受到感染,从没有逻辑性发展到有逻辑性。

这种号称"逻辑的"方法造成了不良的后果,不可避免地产生了一种反动。在学习中缺乏兴趣,有着漫不经心和拖延的习惯,厌恶智力的运用,单纯依靠纯粹记忆和机械陈规,学生对他所学习的东西只能理解一点点。所有这些都表明,逻辑定义、划分、分级以及逻辑体系等在理论上可行的理念,在实际中却难以奏效。这种后果的倾向——如同各种逆反行为一样——是走向相反的极端。他们认为,"逻辑"完全是人为的和外加的;教师和学生同样应该摆脱这种"逻辑",并且放手让他们自由地表现自己现有的倾向和爱好。强调依靠自然的倾向和能力,把自然的倾向和能力当作发展的唯一可能的出发点,这样做确实是有益的。但是,这种反动是错误的,并且会把人们引入歧途,因为它忽视和否定了在现有的能力和兴趣中存在着的真正的理智因素。

另一个派别实际上采纳了与之对立一派的教育理论的基本前提。该派别也确信儿童的心智自然而然地厌恶逻辑形式;其依据的理由是:许多人的心智对于教科书所用的特殊的逻辑形式有反抗的倾向。从这个事实出发,他们推断说,逻辑次序与心智的自然作用是不相干的,在教育上没有多大的重要性,至少在儿童教育上,其重要性极其微小;教育的主要任务在于自由发挥冲动和愿望的作用,而不需顾及任何确定的理智的生长。因而,这一派的口号是"自由"、"自我表现"、"个性"、"自发性"、"游戏"、"兴趣"、"自然开展"等。在强调个人态度和活动的同时,这一派轻视了系统的教材的作用。这一派确信,方法乃是在儿童自然次序的生长中,为了激励和唤起个性中固有的潜在可能性而采用的各种手段。

两派的基本错误是相同的

这样看来,两派的基本错误是相同的。两派都忽视且在实际上否定了反思性的和真正逻辑活动的倾向是儿童心智所固有的,且这种倾向本身在儿童成长的早期阶段就已经有所表现,自从它被外部情境所需要并被与生俱来的好奇心所激发。儿童天生具有一种进行推论的意向,并且有实验和检验的内在愿望。每一个生长阶段中的心智都有其本身的逻辑。他们能提出种种假设,并且通过对种种事物和事件的观察来检验自己的假设,从而得出结论;并试图把结论用于行动中,落实结论,或者修正结论,或者抛弃结论。即使是一个刚出生的婴儿,也能作出一些推论;从他所观察到的事物中引出一些期望,以他看到的某些事物作为标志或证据,用来解释没有感性观察过的事物。所谓"自由的自我表现"派,未曾注意到在儿童的自发活动中所表现出来的一个重要的事实,即理解的特性。这是突出的具有教育意义的因素。至于与教学有关的其他方面的活动,则应该作为使这个因素有效发挥作用的手段。

任何教师,只要对在正常儿童自然经验中发生作用的思想模式加以细心体察,就不会把逻辑的和现成的或系统的教材混为一谈,也不至于为了避免这一错误而不注意逻辑的要求。这样的教师不难看出,智力教育的真正的问题在于把自然能力转变为熟练的检验的能力；把或多或少偶然的好奇心和零星的暗示，转变成灵敏的、谨慎的和彻底的探究。他将会认识到，心理的和逻辑的并不是彼此对立的（甚至彼此孤立的），而是彼此联结的，是同一过程的起始阶段和终结阶段。而且他将会认识到，成人教材的逻辑安排并不是仅有的一种；这种按照科学原则组织起来的教材，其实并不适合儿童；只有心智达到成熟的地步，理解为什么教材的安排采取这种形式，而不是别的形式，才能采用按照科学原则组织起来的教材。

从教材的观点来看，严格的逻辑形式实际上体现了专家、内行人士所取得的结论。传统的教科书上的定义、划分、分类等等，正是这些结论的提炼。一个人要想能够作出准确的定义、透彻的分类和完整的概括，唯一的办法是根据自己现有的水平，进行灵活而周密的思维。一定要有某种理智的组织，否则就会形成含糊的、混乱的和不连贯的"思维"的习惯。但是，这种组织没有必要符合成年的专家的标准。因为，专家已经有了智力技能，而未成年者仍然处于训练智能的过程之中。把内行专家的终点作为初学者的起点，这是荒唐可笑且极不合理的。但是，应当训练初学者，要求他们进行周密的考查，具有连贯性和某种概括能力，形成自己的结论，并能说明其结论所依据的理由。

总结

概括起来，"逻辑的"思维至少有三种不同的含义。就其广义而言，任何试图达成某个结论的思维，即使在实际的思维过程中有不合逻辑的地方，它也应被人接受并认可为逻辑的。就其最狭窄的意义而言，"逻辑的"思维是指按照特定的人们认可的形式，以清楚的意义、明确的术语作为前提，从而得出结论。它的含义具有精准性。介乎以上两者之间的含义,在教育上是至关重要的:系统地注视和控制思维的过程,以便使思维真正成为反思性的。在这个意义上,"逻辑的"是指观察、暗示和检验的自然与自发过程的规则;也就是说,思维是一种艺术。

III. 纪律和自由

纪律的概念

在前面的讨论中,我们提到两派教育思想有互相对立的标语或口号。一派首先强调纪律,另一派则首先强调自由。然而,从我们的立场来看,每派都对所奉行的原则的意义有错误的认识。如果自然的或"心理的"过程缺乏一切内部的逻辑性,那么,逻辑性便是从外部强加的,而训练则一定是某种消极的东西。这便迫使思维离开适当的途径,进入强制的途径,成为令人厌烦且费力的过程;这个过程虽然是痛苦的,但正是为或多或少遥远的未来所做的必要准备。一般说来,纪律与锻炼是一回事;锻炼的含义类似于机械式的锤打,通过不断地锤打,把一种外部的物质打入另一种不同的材料中去;或者,也可以把机械式的常规纪律形象地比喻为未经训练的新兵接受军人姿态并习惯化的纪律,这些当然完全是从外部获得的。后一种纪律,无论是否被称为"纪律",都不是心智的纪律。它的目的和结果不在于思维的习惯,而在于外部行动模式的一致性。许多教师由于没有研究纪律的含义,错误地认为他们从事的工作是在训练学生的心智,然而,实际上却造成了学生对学习的厌恶,使学生感到学习不是一种愉快的活动,而是一件令人烦闷不快的事情。

事实上,纪律是积极的和富有建设性的。它是一种力量,是控制手段,为达到目的所必备的力量,也是评估和检验结果的力量。一个画家要接受一定程度的艺术的训练,以便能够控制和有效地运用涉及其艺术的全部因素——这些因素从外部来讲,有画布、颜料和画笔;从内部来讲,有他的观察力和想象力。实践、练习的意义包含着力量的获得,但它们不是采取没有意义的锻炼的形式,而是采取艺术练习的形式。它们是达到期望结果的活动的一部分,而不仅仅是·种重复。纪律是一种结果、一种产物、一种成就,而不是来自外部的某种东西。一切真正的教育,其终点必在纪律之中;但是,它的过程却在于使心智为其自身的目的而从事有价值的活动之中。

自由的概念

这个事实让我们看到教育理论的对立派别关于自由概念的错误认识。纪律与锻炼能力是同一的,纪律与自由也是同一的。因为自由就是不受外界控制的行动和实践的能力。它意味着具有独立实践的能力,能够从别人的强制束缚下解放出来,而不仅仅是不受外界的阻挠。当把自发性或自然性等同于或多或少有些偶然和暂时的冲动时,教育者就倾向于提供大量的刺激物,以便维持自发的活动。提供各种有趣的教材、设备、工具和各类活动,以便使自由的自我表现不至于松弛下来。这种方法忽视了获得真正自由的一些基本条件。

克服障碍,获得自由

一种冲动倾向的直接和即时的表现,对思维来说是致命的。

只有当冲动在某种程度上受到牵制并且反射到自身时,反思性思维才会随之而来。有人认为一定要从外部强加一些任意的作业以提供困惑和疑难的因素,这是引起思维所必需的。这种想法的确很愚蠢。任何深度和广度的充满生机的活动,必然在其尽力自我实现的过程中遇到各种障碍——这个事实表明,追求人为的、外部的问题完全是多余的。然而,这种在经验发展的内部表现出来的困难,乃是反思性探究的自然的刺激物;教育者应予以爱护,而不能轻视。自由并不在于保持一种连续的无阻碍的外部活动。自由是通过个人反思克服那些直接妨碍行动和自发性成就的种种困难而获得的。

思维需要从儿童早期得到自然的发展

如果只是强调心理的和自然的方法,但是看不到在儿童生长的每个时期,好奇心、推论和检验的愿望等是自然倾向的重要组成部分,那么,也不一定能够保证自然的发展。在自然的生长中,每一个活动连续的阶段都是在无意识但充分地准备着下一个阶段呈现的种种情境——如同植物的生长周期一样。人们没有理由假定,思维是一种特殊的孤立的自然倾向,它会因为各种感官和运动机能的活动在先前已经充分地表现出来,而适时地不可避免地蓬勃发展起来;也不能假定,它会因为观察、记忆、想象和手工技能在没有思维的情况下已经有了练习,而不可避免地蓬勃发展起来。只有不断运用思维,使用感官和肌肉指导与应用观察和活动,才是为以后的高阶思维做准备的方法。

现在有一种颇为流行的看法,认为儿童几乎是完全没有反思性思维的——儿童只是处于感觉、肌肉和记忆的发展时期;一到青春期,思维和理性就突然表现出来了。

然而,青春期并不是魔法的同义词。毫无疑问,青春期必然要扩大儿童时代的思想范畴,对较大的事件和问题具有敏感性,对自然和社会生活具有更丰富、更概括的观点。这种发展使得思维有机会比之前更加全面与抽象。但是,思维本身在任何时期都一样,它对生活事实与事例所暗示的结论进行探索与检验。一个婴儿丢失了他玩耍的皮球,便开始预想还未发生的某事的可能性——找到皮球,并且开始预想实现这种可能性的步骤;通过实验,用他的想法去指导行动,因而也在行动中检验他的想法。一旦儿童有了以上种种表现,思维活动就开始了。只有充分利用儿童经验中已有的思维因素,才能确保青春期或者任何后期的优良的反思性思维能力顺理成章地得到发展。

心智习惯总要形成,不论其是好是坏

　　在任何情况下,确定的习惯总会形成。不是形成细心观察事物的习惯,就是形成草率地、掉以轻心地、大略关注事物表面的习惯;不是形成使观念前后相继发生的连贯性的习惯,就是形成偶然的像蝗虫乱蹦乱跳似的胡猜乱想的习惯;不是形成经过检查证据、检验推论再下判断的习惯,就是形成忽而轻信、忽而轻疑的习惯。无论在哪种情况下,其相信或不相信都是依据一时兴起的念头、情绪或偶然的情境。要想获得细心、彻底和连续的品质(正如我们所见,这些品质是"逻辑的"因素),唯一的办法是从一开始就训练这些品质,并且设想种种有利于训练这些品质的情境。

真正的自由是理智的

　　简而言之,真正的自由是理智的;它依靠训练有素的思维能力,依靠研究事物的"叩其两端"(turn things over)的能力。它能够从容地考虑事情,判断手边的哪些证据是作出决定所需要的;

如果没有证据,能够说出在哪里以及怎么样才能找到这类证据。如果一个人的行动不受深思熟虑的结论的指导,那么,他就要被粗心的冲动、不稳定的欲望、反复无常的任性和一时的情境所引导。培育没有障碍的、肤浅的外部活动,就是在鼓励盲从,它将使人完全受欲望、感觉和环境的支配。

第六章 推理和检验的案例

我们已经在前面的章节中对反思性思维的性质作了解释。我们举出了一些理由，说明为什么需要用教育的手段保证反思性思维的发展，并且考虑到内在的各种素质、困难和教育训练的潜在目的——形成训练有素的逻辑思维能力。现在，我们从学生的课堂作业中选取一些简单的真正的思维案例，并作一些说明。

I. 反思性活动的例证

我们已经再三强调，在某种程度上，内部和外部的环境唤起并指导了反思性的思考。与现有的自然和社会条件相关的实际需要，可以引发并指导思考。我们从一个这类的例子开始。我们还注意到，好奇心是强大的内在动力，因此第二个例子来自该领域。最后，在科学科目中经过训练的思维会产生由智力问题引起的质询，我们的第三个例子正是这种类型的。

实际考虑的事例

前几天，我前往第 16 大街，看见了一个时钟。我看到它的指针指着 12 点 20 分。这使我想起 1 点钟在第 124 大街有个约会。我这样推理：如果乘坐地面车辆去要花 1 个小时，原路返回的话会晚约 20 分钟。如果乘地铁快车，则可以节省 20 分钟。但是，附近有地铁站吗？如果没有，寻找地铁站的时间可能超过 20 分钟。然后，我想到高架电车，因为我看到两个区之间有这样一条线路。但是，车站在哪里呢？要是车站和我所在的这条街有好几个街区的距离，那么，我不但没有赢得时间，反而更浪费时间了。

于是，我又想到，乘坐地铁要比高架电车更快一些；此外，我想起乘地铁去第 124 大街的那个地方，要比乘高架电车到达的地点距离目的地更近，这样就能在行程的最后节省时间。最终，我选择了地铁，并且在 1 点钟以前到达了目的地。

反思一个观察的事例

我每天过河所乘坐的那艘渡船，从上层甲板几乎水平地伸出一根长长的白色杆子，它的顶部有一个镀金球。我第一次看到它时，联想到一根旗杆；它的颜色、形状和镀金球印证了这种想法，这些理由似乎证明我的这个想法是有道理的。但是，问题很快就出现了：这根杆子几乎是水平横向的，而旗杆通常不是这样的位置；其次，杆子上没有用来挂旗帜的滑轮、环或绳索；最后，在其他地方还有另外两根直立的旗杆。这样看来，这根杆子似乎不是用来挂旗子的。

然后，我试着想象这样一根杆子所有可能的用途，并考虑这些用途中最合适的一种：(a)它可能是装饰品。但因为所有渡船，即使是拖轮，都有类似的杆子，所以这一假设被否定了。(b)它可能是无线电报机的电线杆。但是，出于同样的考虑，这一点也是不可能的。此外，这种电线杆的位置更自然地应该在船的最高处，即在驾驶室顶部。(c)它的用途可能是指示船前进的方向。

为了证实这一结论，我发现这根杆子要比驾驶室低一些，驾驶员很容易就能看到它。此外，它的尖端要比底部高得多，这样从驾驶员的位置看过去，它似乎在船前面突出很远。此外，驾驶员接近船的前部，他需要某种对船的航向的引导。拖船也需要有这种用途的杆子。这个假设要比其他假设有更大的可能性，因而我接受了它。于是，我形成这样一个结论，即设置这根杆子是为了向驾驶员表明船所指向的方向,从而使他能够正确地掌舵。

一个涉及实验的反思事例

在热肥皂水中洗平底玻璃杯,把杯子口朝下放在一个盘子上,我注意到泡沫出现在杯子口外面,然后跑进去了。这是为什么呢?泡沫的出现表明有空气,我注意到空气一定是从杯子里面出来的。我又看到,盘子上的肥皂水阻止了空气逃离,除非空气被困在肥皂泡中。但是,空气为什么会离开杯子呢?并没有什么东西进入杯子迫使空气出来。它一定膨胀了:它通过加热或减压或通过二者而膨胀。杯子从热肥皂水中取出来以后,空气还会变热吗?显然,泡沫里的空气不会变热。如果被加热的空气是原因,那么把杯子从肥皂水转移到盘子时一定有冷空气进入。我又取了几个杯子,以检验这个假设的真假。我摇晃一些杯子,以确保冷空气进入其中。我取出一些杯子,将杯口朝下,从而阻止冷空气进入。前一种情况下,杯子外面出现了泡沫;而后一种情况下,杯子外面则没有泡沫。我的推论一定是正确的。来自外面的空气受到杯子的加热一定会膨胀,所以泡沫在杯子外面出现。

但是,为什么泡沫会进到杯子里面呢?热胀,又遇冷收缩。杯子凉了,杯子中的空气也凉了。杯中的张力消除了,因此泡沫就在里面出现。为了确定这一点,当泡沫仍在杯子外面形成的时候,我在杯子上放了一块冰。情况很快就反过来了。

这三种事例构成了一个系列

以上三个事例由简到繁,形成了一个系列。第一个例子是日常生活中人们常常遇到的问题,其中并没有超出日常生活经验范围的材料和处理方法,思维并不复杂。最后一个例子则比较复杂。如若没有一点科学思维,就不会想到这些问题和答案。第二个例子是思维的一种自然转变,它的材料在日常生活中经常会遇到,思维者也不需要有什么专业经历。然而这一问题与他的日常生活并没有直接的关系,问题是间接想到的,因为他对此产生了某种理论性的和无偏见的兴趣。

接下来,我们将对以上三例的共性作一个分析性的说明。我们将说明:第一,在理智行动中占中心位置的推论作用的性质;第二,在所有场合下,思维的目的和结果是把含糊和困惑的情境转变为确定的情境。

II. 对未知的推理

没有思维就没有推理

在所有反思性活动中,人们都会发现自己面对一种特定的、现时的情境,他要由此出发达到或推断现时尚不存在的某种另外的事物。这是以现已掌握的事实为基础,求得尚未存在的观念的过程。现实的事物传导或引导心智以便求得某种观念,并且最终接受某种另外的事物。在第一个例子中,那个人考虑到预定的约会地点和时间这些事实,作出推论,找出了最佳的行程路线以践约;而他的约会是未来的事情,其最初是一个不确定事件。在第二个例子中,那个人根据观察和记忆的事实,推论长杆的可能用途。在第三个例子中,那个人根据特定情境下出现的泡沫和可靠的物理学事实及物理学原理知识,推断以前不知道的特定事件的道理或原因；即是说，玻璃杯外边形成泡沫，泡沫又向玻璃杯里边移动的道理或原因。

推理包含跳跃

每一个推理，因为它超越了确定和已知的事实，这些事实是通过观察或对先验知识的回忆而得到的，所以才包含了从未知到已知的跳跃。它包含的跳跃，超出给定的和已经建立的东西。正如我们已经注意到的①，推理是经由或通过所见所闻引起的暗示而出现的。现在，虽然暗示会进入脑海，但是发生何种暗示首先取决于个人经验。这反过来又依赖于同时代文化的一般状态。例如，现在能够轻易发生的暗示很难出现在一个野蛮人的脑海中。其次，暗示取决于个人的偏好、欲望、利益，甚至当前的情绪状态。暗示的必然性是思维之前的活跃力量，如果它是合理的，或者没有明显与事实矛盾，那么接受它的自然倾向就会表明控制暗示的必要性，这形成了可信的推理的基础。

证明就是检验

先于信念而且代表信念的对推理的控制，构成了证明。证明一个事物，首先意味着要检验它。受命参加婚宴的客人提早离开，因为他必须证明自己的牛。例外据说是为了证明一个规则，即他们提供的实例如此极端——考验最严苛的样式的适用性；如果规则能够通过这样的检验，就没有理由进一步怀疑规则。直到事情已被尝试——用通常的话来说就是"尝试尽"——我们才知道它的真正价值。直到那时之前，规则可能只是借口或虚张声势。但在实际检验或考验中取胜的东西是有其凭据的；它被认

① 参见本书第 9 页和第 41 页。

可,因为它已经被证明。它的价值清晰地显示了出来,即已经得到证明。因此,它是支持推理的。一般而言,推理具有不可估量的作用,但仅仅这一事实还不能保证也不能帮助说明任何特定推理的正确性。任何推理都可能走入歧途;正如我们所见,已有的影响随时会煽动它出错。重要的是,每一个推理都是经过检验的推理;或(因为通常这是不可能的)我们区分依赖于经过检验的证据的信念和不依赖于经过检验的证据的信念,并且因此警惕那些合乎情理的信念或赞同的种类和程度。

两种检验

二个事例都体现了检验操作的存在,它把可能会变为松散思考的内容变成了反思性活动。经过考察,我们发现检验有两种。暗示性推理在思考中被检验,从而看出暗示的不同元素之间是否具有一致性。在一个推理被接受之后,暗示性推理也被行动检验,从而观察思考中的预期推论能否变为事实。第二种证明的一个很好的例子可以在引用的第一个事例中找到,通过推理得出结论:使用地铁,就能让那个人按时到达他约会的地点。他通过行动尝试或检验他的想法,结果证实了想法,因为推理得出的东西实际上通过了检验。

在第二个事例中,只有当人想象自己在驾驶员的位置上利用杆子进行驾驶时,通过行动的检验才会发生。对连贯性或一致性的检验,很明显在证据中。旗杆、装饰品、无线电报机的电线杆的暗示都被否定了,因为一旦进行反思,就知道它们不符合观察到的事实中的一些元素。它们被放弃了,因为它们没能与这些要素相符合。相反,杆子是用来表明船所移动的方向这个想法被发现与若干重要元素相符合,比如,(a)驾驶员的需要,(b)杆子的高度,(c)杆底和顶端的相对位置。

在第三个事例中,两种检验都有所运用。确定结论后,它作用于进一步的实验中,不仅在想象中被采用,而且在事实中被采用。一些冰放置在玻璃杯上,如果推理是正确的,那么,泡沫就应该像它们应该表现的那样来表现。因此,它被弄明白,被确定,被证实。其他检验行为在使用不同的方法从水里拿出玻璃杯的过程中出现。对于思维中一致性的检验是这样出现的:反思膨胀的性质及其与加热的关系,并且考虑被观察到的现象是否符合从这条原则推断出的事实。显然,同时使用两种方法证明提出的推理,要比单独使用一种方法更好。然而,这两种方法并非在性质上完全不同。在思维中检验一致性,涉及在想象中行动。另一种方式公然将想象中的行动付诸实施。真的推理被定义为首先要涉及一个暗示性结论的跳跃,其次要尝试这种暗示从而确定它符合情境的要求。反思性活动的原始模式是通过这样的情况来设定的:做某件事的要求十分紧迫,用做完的结果来检验思维的价值。随着求知欲的发展,与公开行动的联系就变成间接的和偶然的。即使只是想象,它仍然存在。

III. 思维从怀疑的情境到确定的情境

它源于直接经历的情境

对几个事例的考察表明,在每种情况下思维都产生于直接经历的情境。人们不只是泛泛思考,想法也不会凭空出现。在第一个事例中，一个人正在某个城市的某个地方忙碌着，又被提醒在另一个地方还有个约会。在第二个事例中，一个人在一艘行驶着的渡船上，思考这艘船的建造情况。在第三个事例中，一个先前受过科学训练的人忙着洗杯子。在每个事例中，情境的性质都如同它真正经历了引起探究并引发反思的过程一样。

对于这些特定的事例来说，这个事实并无特别之处。认真检查你自己的经验，你找不到任何思维凭空而起的事例。一连串思想会使你远离出发点，你很难回到思维由之产生的某种在先的东西中去；但是，追究线索，你将发现某种直接经历过的情境，某种经历过的、做过的、享受过的或者忍受过的情境，而绝不只是想出来的情境。这种原始情境的特点引发反思。反思不仅产生于它，而且回归于它。它的目的和结果是由产生它的情境所决定的。

在学校中，不能使学生获得真正的思维活动最常见的原因，也许是学校中缺少能像校外情境那样唤起思维活动的情境。教师被小学生做数学题时的失误所困扰，处理涉及小数的乘法运算时，小数点的位置要正确。数字是对的，数值全错了。例如，一个学生说是320.16美元，另一个学生说是32.016美元，第三个学生说是3201.6美元。这种结果表明，学生们能够正确地计算，但没有思考。如果学生进行过思考，他就不会任意地改变对数值的理解。因此，教师派学生到木材厂购买木板，以便在学校的手工作业车间中使用；他事先同商人约定，让学生自己计算购买物的价值。结果，其中涉及的数字运算与教科书所示的相同，但根本不会产生小数点放错位置的错误。这种情境本身引导学生去思维，并控制他们对价值的理解。教科书上的问题与木材厂实际购物的需要这两种情境的对比，可以作为一个很好的例证，说明情境对于引起和指导思维的必要性。

思维趋向确定的情境

以上三个事例的考察也表明，每种情境都是不确定的、困惑的、麻烦的，它向人们提出有待解决的困难和未确定的疑问。它表明，在各个场合中，反思性思维的功能都会引发新的情境，在新的情境中，困难解决了，混乱排除了，麻烦消除了，问题得到了答案。当一种情况安定了，明确了，有秩序了，清楚了，那么，任何特定的思维过程也就自然地结束了；等到新的麻烦或可疑情境发生时，反思性思维才会再次被引发。

因而，反思性思维的功能是把经验含糊的、可疑的、矛盾的、某种失调的情境转变为清楚的、有条理的、安定的以及和谐的情境。

一个命题里表述性的结论并不是最后的结论，而是形成最后结论的钥匙。例如，第一个人得出结论——"到达第 124 大街的最佳方式是乘地铁"，可这个结论只是达到最终结论的钥匙；也就是说，乘地铁的最终目的是要遵守约定。思维是把初期的、令人困惑的情境发展为最后的、令人满意的情境的手段。在其他两个事例中，也能容易地作出同样的分析。我们在上一章已经说过，形式"逻辑"的最大困难是它的开始和结尾都仅是命题，而命题中却没有两种实际的生活情境———一种是怀疑或困难，另一种是最后期望得到的结果。这两种情境的产生都有赖于反思性思维。

怎样确定已经发生过的推论是不是真正的推论呢？最好的方法是看其结果能不能把困惑的、混乱的和不一致的情境，转换成清楚的、有秩序的和令人满意的情境。片面的和无效的思维，其结论在形式上是正确的；但是，它对个人的和即时的经验却没有什么影响。充满活力的推论,则经常使思维着的人在他经验到的领域内获得某些不同的认识,因为其中某些事物已经获得了明确的、有秩序的安排。简而言之,真正的思维必然以认识到新的价值而告终。

第七章

反思性思维的分析

I. 事实和观念

　　当一个人处于困难或疑惑的情境时，他可以从许多方法中选取一种方法。他可以躲避该情境，放弃引起它的活动而另外去做别的事。他可能沉迷于想入非非，想象自己有势力或有钱财，或者拥有其他确保自己能够解决这种困难的方法。最后，他可能直面这种情境，毅然地进行处理；在这种情况下，他便开始进行反思性思维。

反省包含着观察

　　当一个人开始进行反思性思维时，需要从观察开始，以便审查鉴定种种情境。有些观察是直接通过感官进行的；另外一些则是通过回忆自己或别人以往的观察进行的。前面提到的那个预定约会的人，用眼睛注视他现在的位置，回忆在 1 点钟时他将到达的那个地方，并且回想他现在所处地区和将要去的地区之间的交通工具及其位置。这样，他就尽可能地对要处理的情境的性质有了明白的和准确的认识。有些情境是障碍物，其他一些情境则有助于问题的解决，为解决问题提供了材料。不论这些情境是他直接感觉到的还是记忆的，它们都构成了"事例的事实"。这些事实明摆在那里，不得不加以考虑。像所有的事实一样，它们都很顽固。我们不能因为这些事实令人不快，便想用魔法去摆脱它们。希望这些事实不存在，或者希望这些事实不是眼前这种样子，这是无济于事的。我们只能就事论事，按它们本来的面目去应对它们，因而必须充分运用观察和回忆，以防漏掉重要的事实，或把重要的事实搞错。在良好的思维习惯形成之前，面对要处理的情境以发现事实,是要花费力气的。因为人的心智讨厌那些令人不愉快的事实,所以便不去留心那些格外令人烦恼的事实。

反省包含着暗示

当我们注意到种种构成事实的情境时,关于可能的行动方法的暗示也就随之出现了。在我们举出的事例中[1],那个人想到地面车辆、高架电车和地铁。这些可供选择的暗示彼此竞争。通过比较,他判断出哪种方法是最好的,最适合于解决他的问题。这种比较是间接进行的。当一个人想到一种可能解决问题的办法时,他又犹豫起来,举棋不定,于是又回到那些事实上去。既然他现在有了一种看法,那么,这种看法就会引导他进行新的观察和反思,并且仔细审查已经作出的观察,以便检验暗示的价值。如果他不运用暗示去指导新的观察,也就不能作出慎重的判断,那么,他就会立即接受现时的暗示;这样一来,他就不会有真正的反思性思维。新近注意到的事实可能会引起新的暗示(在任何复杂的情境中,新的事实必然会引起新的暗示),这些新的暗示就成为进一步研究种种情境的线索。这种审查的结果检验并修正了所提出的推论,或者暗示出一种新的推论。被观察到的事实和暗示的解决问题的方案,这二者之间不断地交互影响,不断地暗示应对情境的方法,这种过程一直持续,直到得出一种解决方法。这种方法适合情境中的所有条件,且不违反任何已发现的事实。[2]

在反省中,资料和观念是相关的、不可或缺的因素

用专门术语来表达,观察到的事实称为资料(*data*)。资料是

---

[1] 参见本书第 88 页。
[2] 要检验和具体说明这种说法,应当参见前一章提出的三个事例。

用来解释、说明和阐述的材料；或者，在深思熟虑的情况下，用这些材料来决定做什么和如何做。通过观察得到的困难的建议性解决方案，构成观念（ideas）。资料（事实）和观念（可能解决问题的暗示）由此在所有的反省活动中，成为两个不可缺少的、彼此相关的因素。这两个因素的存在和保持，分别依靠观察和推论；为了方便起见，我们把以前观察到的对类似情况的反思，也算作观察。推论超越了实际观察到的事实，超越了已经发现的事实，它仔细检查现时实际存在的事实。因此，推论是指可能的，而不是指真实的事物。推论的进行，靠的是预测、假设、猜想、想象。所有的预见、预言、计划，与推理和沉思一样，其特点都是从真实的推移到可能的。因此，如同我们已经看到的那样，推论需要双重的检验：第一，形成观念的过程，或提出解决方案的过程，要不断地由现时实际观察到的种种情境来核查；第二，观念形成之后，如果可能的话，要由行动来核查，否则就由想象来核查。行动结果进一步核实、修改或否定已得到的观念。

我们举一个简单的例子来说明：假如你正走在一个没有规则路径的地方，当道路平坦时，你什么也不想，因为你已经形成了习惯，能应付平坦的路。忽然，你发现路上有一条小沟。你想你一定能跳过去（此为假设和计划）；但是为了牢靠些，你得用眼睛仔细查看（此为观察）；你发现小沟相当宽，而且小沟的另一边是滑溜溜的（此为事实和资料）；这时你就要想，在这条小沟的别处是否有比较窄的地方呢（此为观念）？你顺着小沟上下寻找（此为观察），希望有比较窄的地方（用观察来检验观念）。你没有发现任何好的地方，于是准备制订一个新的计划。当你正在制订新计划时，你发现了一根木头（又是事实）。你寻思，能否把木头拖到小沟上边,横跨过去,架成一座小桥(又是观念)。你判断这个观念有试验的价值,于是把木头架在小沟上,从木头上走了过去(用明显的行动检验和进一步证实观念)。

如果情境更为复杂,思维当然也就会更加周密。你可以设想一个情境,如做一个木筏,建造一座浮桥,或制作一条独木舟。这些最终都要在大脑中形成观念,并必须用推论加以验证,于是进入行动(事实)的种种情境,即进入实际。不论是简单还是复杂,也不论是实际的困难处境还是科学或哲学的问题,都存在两个方面的问题:需要解释和处理的种种情境;为了处理情境或解释、说明种种现象而设计的观念。

例如推测日食和月食,一方面需要关于地球、太阳和月亮的位置及其运行的大量由观察得到的事实;另一方面,需要用来预测和解释的包括广泛的数学计算在内的种种观念。在哲学问题中,种种事实或资料可能因为过于久远,不能通过感官的观察而直接得到证明。但是,或许有关科学的、道德的、艺术的或以往思想者的结论可以作为资料,为处理情境提供材料,并核实种种理论。再者,心智又有沉思的作用,它可以引导寻求另外更多的材料,这些材料既可发展作为观念的理论,又可检验观念的价值。事实成为资料,必须用来暗示或检验某些观念,用来找出克服困难的某些方法,否则,单纯的事实或资料便是一堆死物。另一方面,观念必须用来指导新的观察,用来对过去、现在或将来的实际情况进行反思,否则,单纯的观念就是凭空的推测、空想和梦幻。最后,观念必须由实际的特定的材料或另外原有的观念来审查。许多诗歌、小说或戏剧的观念具有巨大的资料价值,但却不是知识的资源。然而,某些观念即使对当下的现实没有直接的参考价值,但当新的事实出现时,这种观念却能付诸应用。因此,这种观念也具有理智的价值。

II. 反思性活动的基本功能

现在,我们已经掌握资料用以分析反思性思维的全部活动。在前面的章节中,我们看到每个思维的两个极限:思维开始于困惑的、困难的或混乱的情境;思维结束于清晰的、一致的、确定的情境。前一种情境可称为前反思性情境,它提出需要解决的问题,提出反思性思维需要回答的问题。后一种情境中,怀疑消除了;这是后反思性情境,它的结果是控制直接经验,获得满足和愉快。反思性思维就是在这两种情境之中进行的。

反思性思维的五个阶段或五个方面

思维处在这两种情境之间,有如下的几种状态:(1)暗示,在暗示中,心智寻找可能的解决办法;(2)使感觉到的(直接经验到的)疑难或困惑理智化,成为有待解决的难题和必须寻求答案的问题;(3)以一个接一个的暗示作为导向性观念,或称假设,在收集事实资料的过程中开始并指导观察及其他工作;(4)对一种概念或假设从理智上加以认真的推敲(推理是推论的一部分,而不是推论的全部);(5)通过外显的或想象的行动来检验假设。

我们现在逐个地说明这五个阶段或五种功能。

第一阶段:暗示

一个人做事要持续地做,以取得进展,这是很自然的事情;这也就是说,要公开做事。令人不安和困惑的情境暂时阻止了这种直接的行动。然而,继续的倾向依然存在。它改变方式,采取观念或暗示的形式。当我们发现自己陷入绝境时,关于怎样做的观念就代替了直接的行动。这是替代性的、预期的行动方式,是一种戏剧性的彩排。如果只存在一种暗示,我们会毫无疑问地马上接受这种暗示。但是,若有两种或更多的暗示,它们互相冲突,形成悬而不决的状态,就需要进行更深一步的探究。方才举的例子中,第一个暗示是从沟上跳过去,但是种种感知到的情况抑制了那个暗示,转而引出别的观念。

某些直接行动的抑制,必然会形成犹豫和拖延的状态,这对思维来说是必要的。思维可以说是行为转向自身,检查它们自己的目的、情境、资源和助力,以及困难和阻碍,等等。

第二阶段:理智化

我们已经指出,就思维而言,认为它起源于现成的问题,起源于凭空捏造的问题或起因于真空之中,这种看法是虚假的。实际上,这种所谓的“问题”只不过是一种指定的任务。本来就没有一种情境与问题一开始就一起出现,更不必说问题离开情境而自行提出。当出现困难的、困惑的、难堪的情境时,困难究竟在哪里?它似乎遍及整个情境,整个情境都受其影响。如果我们知道困难是什么、困难在哪里,那么,反思性思维便比较容易进行了。俗话说得好,题目出得规范,答案就有了一半。事实上,我们知道,问题恰好是与寻求答案同时发生的。问题和答案完全是在同一时间呈现出来的。在这之前,我们对问题的理解或多或少有些含糊不清,没有把握。

一种暗示行不通时,我们就要重新检查所面对的种种情境。

在观察情境和对象的基础上,我们渐渐感到忧虑,心理活动失常。单是那条小沟,并不构成什么困难,小沟的宽度和沟对岸的滑溜才构成了困难。只要困难被找到并被界定,它就不再是令人烦恼不安的事,而是某种理智化的真正的问题。前面例子中提到的那个想按时实现原定约会的人遇到了困难,第一时间出现了一个暗示,即如何节省时间到达有一定距离的约会地点。但是,为了使这一暗示能富有成效地实现,他得寻找交通工具。为了寻找交通工具,他又得注意现在的位置以及从这里到车站的距离、现在的时间以及他这样做需要多少时间。这样困难之所在就比较清楚地找到了:需要走多少路程,需要多少时间走完这段路程。

"问题"这个词总是显得过于详尽与郑重,不适合表述在较小的反思性场合下所发生的事情。但是,在所有反思性活动中,都有把整个情境中起初仅仅表现为感性的因素加以理智化的过程。这种转化,可以使情境中的困难和行动的障碍更加明确。

第三阶段:导向性观念、假设

第一个暗示是自发出现的,它自动地出现于人们的心头,即突然出现,就像人们所说的"掠过心头"。第一个暗示的出现并没有受到直接的控制,它来自来,去自去,如此而已。第一个暗示的出现也不含有什么理智的性质。理智成分在于:它作为一种观念出现之后,我们用它做什么以及我们如何用它。通过如上所述的状态,我们才有可能对暗示加以控制。我们越是对困难(受对象角度的陈述的影响)有明确的认识,就越能得到实际可行的解决问题的较好观念。事实或资料能向我们提出问题,对问题的洞悉能够改正、改变或扩展最初的暗示。这样,这种暗示就变成确定的推测,或者用专门术语来说,这种暗示就成为假设。

医生诊断病人或机械师检查一架不能正常运转的机器,这些事例中肯定有某些地方出现了问题。如果不知道问题出在哪里,便不知道该如何补救。一个未经训练的人很可能胡乱猜想——暗示——并且胡乱地采取行动,希望碰巧有好的运气把事情解决。某些以前发生过效力的药物或邻居介绍的药物,都被拿来进行尝试。或者,那个人对着机器,手忙脚乱,这里敲敲,那里戳戳,想碰巧使机器运转起来。训练有素的人则绝不会这样做。他熟悉有机体或机器的结构,精细地观察,运用医师和专门技师普遍拥有的种种方法和技术,找到问题究竟出在哪里。

已经作出的判断支配着解决问题的观念。但是,如果情况异常复杂,那么,医师或机械师就不能因为有了某种合适的补救方法的暗示,而不再进一步思考。他们的行动是试探性的,而不是决定性的。也就是说,他把暗示当作一种主导的观念、一种可使用的假设,并根据这个暗示,进行更多的观察,搜集更多的事实,看一看是否有假设所需要的新的材料。他作出推论,如果这种疾病是伤寒,那么,一定会出现特定的征兆;他便格外注意,看是否正好出现了那些情况。这样一来,第一个和第二个活动都被控制了,问题的性质就变得更充分更明白了,暗示也不再是一种单纯的可能性,它变成一种被检验过的可能性,如果可能,暗示就变成经过估量的很可能发生的事。

第四阶段:(狭义的)推理

观察的对象是自然界中存在的事物。观察到的事实,既控制暗示、观念和假设的形成,又检验它们作为解决方法具有的价值。另一方面,正如我们所说,观念产生于我们的头脑,产生于我们的心智。它们不仅在这里产生,而且能够在这里获得重大发展。特定的、丰富的暗示产生于经验之中，产生于有丰富知识的心智之中，心智可以对暗示进行认真思索，其所产生的观念与心智开始时的观念十分不同。

例如，上一章第三个事例中①，关于热的观念与那个人已经知道的关于物质遇热膨胀的原理联系起来，并且与物质遇冷收缩的倾向联系起来了，所以，膨胀的观念能够用来作为一种解释性观念；而如果只有一个热的观念，就没有任何效用。热是由观察情境直接得到的暗示；水的热是可感觉到的。但是，只有头脑中先前就有关于热力知识的人，才能推论出热意味着膨胀，把膨胀的观念作为一种可使用的假设。在更复杂的情况下，存在着一长串的推理，一个观念被引导到另一个原先已得到检验的相关的观念。当然，这种观念连续展开的推理，要依靠人们头脑中已经具备的知识积累。这不仅取决于从事探究的人先前的经验和所受的专门的教育，同时也取决于当时、当地科学文化的状态。推理有助于知识的扩大；同时，推理依靠我们已有的知识，依靠传播知识并使其成为公共、公开资源的设施。

现在的医生凭借自己的知识，并根据疾病所暗示的症状，可以作出某种推断，而这在大约 30 年以前是不可能做到的；另一个方面，由于临床设备和应用技术的改善，医生也能对症状作出更进一步的观察。

推理对于更为详尽的暗示性解决方案，以及基于原始问题的广泛观察，具有同样的影响。人们在经过更周密的考查之后，往往便不会接受暗示的第一种形式。乍看之下有道理的推测，当其

---

① 参见本书第 90 页。

结果被仔细推敲之后，往往会被发现是不合适的，甚至是荒谬的。即使推论出该推测的意义不会导致其被拒斥，它也会将观念发展为更适合原问题的形式。例如，长杆作为一种标志杆，只是在其意义被搞清后，才能判断出它对于当前的情况具有特殊的适用性。有些最初看来像是遥远的和不着边际的暗示，经过仔细推敲往往能够转变为恰当的和有效的暗示。通过推理，一个观念得到了发展，这有助于提出一些中介的或居中的成分，把起初看似矛盾的元素连接在一起，指引心智从一种推论到另外的相反的推论。

数学是典型的推理。数学是推理活动的典型例子，它可以说明观念间的相互作用，而不需要依靠感觉的观察。在几何学中，我们从少数简单的概念（如线、角、平行线，以及几条线相交形成的平面等）出发，从确定它们性质的少数原理出发，从而得知：平行线与一条直线相交形成的对应角相等，一条线与另一条线垂直相交形成两个直角；把这些观念联合起来，我们就容易确定三角形的内角之和等于两个直角。继续对已经证明的定理的意义加以推论，整个平面图形的意义也就最终搞清了。运用代数符号建立一系列方程式和其他数学算法是一个更为显著的范例，表明建立观念之间的相互联系所能取得的成就。

经过一系列科学观察和试验所提出的假设，一旦用数学形式表述出来，其观念几乎可以转用到任何领域，使我们能够迅速有效地处理问题。许多自然科学的成就，都是依靠数学观念推导出来的。数量形式的测量不单存在于科学知识领域内，而且存在于应用特殊类型的数学的表述中，这种表述可借助推理来发展其他更为有成效的形式——一个值得考虑的事实是：许多教育测量只是采取数量的形式，因而难以作出科学的论断。

第五阶段：用行动检验假设

最后一个阶段是通过明显的行动对推测的观念加以检验，以便得出实验性的确证或验证。推论表明，如果这种观念被接受了，那么，特定的结果也会随之出现；而结论则是假设性的或有条件的。如果我们发现理论上所需要的全部情境都存在，而任何相反的特性又都不存在，那么，就几乎会不可抗拒地去相信，去接受。有时，直接的观察也能提供证明，前文提到的船上长杆的事例就是如此。在其他情况下，就要通过试验进行证明，杯子与泡沫的事例就是如此。也就是说，精心布置符合观念或假设要求的种种情境，从而审视这种观念在理论上说明的结果是否能够成为现实。如果试验的结果与理论或推论的结果一致，如果有理由相信只有这种情境才能产生这种结果，那么，这种认识便强而有力，从而导致一种结论——至少可以说，如果没有相反的事实表明要修正这个结论，那么，它就是确定无疑的。

当然，获得证明的过程往往不是一帆风顺的。有时，试验结果表明，要想得到证明还缺少坚实的证据。这种观念最终被否决了。但是，这种失败并不是单纯的失败。失败也是一种教训，对具有反思性思维习惯的人有很大的益处。真正善于思维的人，从失败中学到的东西，和他从成功中学到的东西一样多。因为失败可向善于思维的人指明症结所在，指明他只是出于偶然才未能达到目的，以及他应当作哪些进一步的观察。失败也使他想到自己之前的假设应该作出什么修正。这种失败，或使他发现新的问题，或使他正在处理的问题得以确定和澄清。对于训练有素的思想者来说，没有什么东西比从失败和错误中吸取教益更好的了。对于一个不习惯思维的人，那只是一些令人烦恼、沮丧的事情，或使他们通过试验性的方法进行新的无目的之尝试的事情；但这对训练有素的研究者来说，却正好是一些刺激和指导。

五个阶段的顺序不是固定的

我们已经指出，这五个思维的阶段、终端或功能，并不是按一定的次序一个接一个地出现的。相反，在真正的思维中，每个阶段都有助于暗示的形成，并促使暗示变成主要的观念或指导性的假设。它有助于明确问题究竟在何处，问题的性质究竟是什么。观念的每一次改进，都可引出基于新的事实或资料的新的观察，使心智更准确地判断已有事实的现实意义。精心地提出假设，并不一定要等到问题确定之后，任何时候都可以提出假设。正如我们看到的，明显的检验并不一定要到最后阶段才进行，可以根据其结果，引导新的观察，作出新的暗示。

然而，在实际行动中进行推论和在科学研究中有着重要的区别。前者中涉及公开行为所承担的义务比在后者中更为严肃。一个天文学家或者一个化学家，他们完成某种行动是为了获得知识；他们的行动是为了检验和发展他们的概念和理论。在实际事务中，其主要的结果是知识范围之外的。思维的伟大价值之一就在于它能延缓采取无法挽回的行动，即那些一经做出便不能取消的行动。因而，即使在道德的和其他的实际事务中，有头脑的人总是把他的外部行动尽可能当作试验性的。这就是说，虽然他不能撤回他的行动，无法避免这一行动造成的后果；但是，他对自身行为的教训以及非理智性的后果保持警戒。他把自身行为产生的后果当作一个问题，从中寻找造成后果的可能的原因，特别是源于自己的习惯和愿望的原因。

总之，我们指出的反思性思维的五个阶段，只是一个大概的轮廓,是反思性思维不可缺少的几个特质。实际上,有的阶段可以两两合并,有的阶段可以匆匆略过,而谋求结论的重担也可能主要放在单一的阶段上,使得这一阶段的发展看似不相称。在这样的问题上,不可能建立一些固定的规则。怎样处理,完全取决于个人理智的机巧和敏感性。然而,一旦事情出现错误,一个明智的做法是:重新查找所有的方法,找到不明智的决定,弄清错在何处。

每一阶段均可展开

在复杂的情况下,五个阶段中的某些阶段,其范围是相当广泛的,它们内部又包含着某几个小阶段。在这种情况下,这些次功能是被当作一个部分,还是被列为独特的一段,都是随机的。数字"五"也并没有什么特殊的意义。例如,在实际的思考过程中,其目的是要决定做什么,仔细检查支配其行动的愿望和动机可能是恰当的;也就是说,不去追问那些能最好地满足自己愿望的结果和手段,而是反过来查问其愿望表现的方式。这种探求是被当作一个独立的问题而自成一个阶段,还是被当作原始问题中的一个附加的阶段,则是无关紧要的事情。

与未来和过去的关联

再有,反思性思维包括对未来的探查、预见、预测或预言,这应当列为第六个方面或阶段。事实上,每个理智的暗示或观念都是对某些可能的未来的经验作出的预测,而最后的解决方案是确定未来的趋向。它既是对某种已实现的事物的记录,又是对未来行动方法的规定。它有助于形成持久的行为习惯。例如,当一个医生为患者诊断时,他通常要对疾病未来的可能发展作出一种预见,一种预测。他的治疗不仅验证或否定他先前关于疾病的观念或假设,而且治疗的结果也影响他未来对病人的治疗。在某些情况下，对未来的参照是相当重要的，需要做特殊的细致的工作。在这种情况下，它可能成为一种附加的独特的阶段。例如，某天文观测队的研究活动是观测日食，其直接的意图可能是取得验证爱因斯坦理论的材料；而这种理论本身相当重要，对这种理论的认可或驳斥，都对物理科学的未来具有决定意义。这种考虑，在科学家的头脑中，恰恰是最为重要的。

在反思性思维中，对过去的参照同样重要。当然，在任何情况下，暗示都依靠过去的经验；暗示不可能凭空而起。但是，有时我们随暗示前行，而顾不上回顾原来已有的经验；但在其他时候，我们又都自觉地仔细回顾过去的经验，把它作为检验暗示价值过程的一部分。

例如，一个人要投资房地产。那么，他将回忆起以前进行这种投资的不幸遭遇。他会把先前的情况同现时的情况逐一对比，看一看两种情况相似的程度和相异的程度。检查过去的情况，可能成为思维中主要的和起决定作用的因素。然而，参照过去的最有价值之处在于得出结论。我们早先曾指出①，最后的观察对于保证从实际结果和它所依据的逻辑前提中得出最后公式具有重要意义。我们在前面的讨论中已经说到，这不仅是检验过程的一个重要的部分，而且几乎是养成良好的习惯所必备的。组织知识的能力，大体上就是习惯于在新的基础上，重新检查以往的事实和观念以及它们彼此之间的关系；也就是说，要得到结论。一定量的这种行动包含在检验阶段中。但是，它对学生态度的影响相当重要，应当时时加以强调，也可将它单独算作一个特定的功能或阶段。

---

① 参见本书第 72 页。

第八章

判断在反思性活动中的地位

I. 判断的三个要素

目前为止，我们都是将反思活动作为一个整体来进行论述。接下来，我们将分别论述判断过程的各主要组成单元。

判断是思考的组成单元

从某种角度看，思考的全过程包括一系列判断活动，这些判断活动相互关联，相互支撑，并最终形成判定后的结论。即使抛开这一事实，我们也已经将判断视作一个整体，其首要原因在于判断并不是在孤立状况下产生的，而是伴随寻找问题的解决方案进行的。这个过程包括扫清模糊的、令人迷惑的干扰事项，以及排除万难的决心。简而言之，所有判断都是反思活动的组成单元。解决一个问题的意图决定了人们会作出何种判断。倘若我突然宣称铺满某一处地板应该需要 22.5 码的地毯，这当然可能是一个完全正确的描述；但是作为一种判断，这可能毫无意义，因为它没有涉及已经出现的一些问题。判断应该与某个问题相关，同时也应该是正确的。判断是选择并权衡出现的事实及建议本身，并对所宣称的事实的正确性以及观点的可靠性作出决策。借用一个俗语，我们可以将一个明智的判断者称为"有常识的"（horse sense）评判者；他能够对相对价值（*relative values*）作出良好的判断，他能够老练地洞察，进而进行预测、鉴定以及评估。

一个良好的思考习惯，其核心力量在于合时宜地并加以辨别地进行评判。有时候，我们会遇到一些学历并不高的人，但他们的建议值得信任，当紧急事件发生时，我们会不由自主地向他们求教,这些人在处理关键问题时能够取得显著的成功;他们就是高明的判断者。一个在一系列问题上拥有良好判断力的人就是在相关方面受过良好训练的人,而这与其学历高低、学龄长短无关。进一步讲,如果学校这样培养学生,帮助他们在任何情况的任何阶段都能保持良好的判断能力,那学校就作出了非常大的贡献,这比仅仅教给学生大量知识储备或让学生在某些专门领域拥有高学历更有意义。

判断的特征

判断和推理之间的关系显而易见。推理的目的在于得出一个合理的判断。推理的过程涉及一系列不完全的和尝试性的判断。那么,这些推理到底是什么呢?判断的重要特点可以从判断这个词的原始意义去考虑,那就是在法律论辩中对种种问题的权威的决定——法官的判断。它有三个特点:(1)争议,对立的双方对同一客观情境有相反的要求;(2)对这些要求加以审查和限定,并且清查支持那些要求的事实;(3)作出最后的决定或宣判,结束对特定事项的辩论,并且作为判定未来案件的规则或原则。

判断源于疑惑和争议

1. 如果没有对某事物的疑惑,那么情境就会变得一目了然;一眼就能看明白,即此时人们只有单纯的知觉和知识,而没有判断。如果一件事是完全不确定的,如果它完全晦涩难懂,那么,它就是神秘而不可思议的,也不会发生判断。但是,如果情境暗示了模糊的各种不同的意义、各种对抗性的可能的解释,那么就有了某些争论点,有了某些利害相关的事实。疑惑在头脑中表现为讨论和争议。各个不同的方面相互竞争,都为了取得合乎自己利益的结论。对于交付审判的案件,判断要作出简洁明确的说明,在两个可供选择的解释中选择一个作出肯定的表示；但是，任何期望从理智上弄明白不确定的情境的尝试，也应该以此为范例，因为它具有同样的特点。远远看到一个活动的、模糊不清的东西，我们便要发问："那是什么？那是一片旋风卷起的尘土吗？是一棵摇晃着的树吗？是一个人在向我们挥手致意吗？"在整个情境中，这些可能的意义都有一些暗示。其中，只有一种意义可能是正确的；或许它们都不恰当；然而，这个事实本身一定具有某种意义。究竟哪一种暗示的意义具有合理的要求呢？感知到的东西究竟意味着什么呢？究竟应该怎样去理解、估计、评价和处置它呢？每一个判断都是从这样的情境中产生的。

通过选择证据性事实和适当的原则确定问题

2. 在听取争论和审判时，或在权衡两种要求以取舍时，常分为两派。在特定的情境中，其中一方可能比另一方更为引人注目。出于处理法律纠纷的考虑，这两派会筛查合适的证据，挑选适用的规则；它们就成为这个案件的"事实"和"法律"。通常所说的判断包括：(a)确定在特定事件中具有重要意义的资料；(b)周密考虑原始资料所暗示的概念或意义。① 它与两个问题有关：(a)在作出某种解释时，情境的哪些部分或方面具有重要意义？(b)用作解释的观念，其充分的意义和影响究竟是什么？这些问题是紧密相关的，各个问题的答案也是相互依存的。然而，为了方便起见，我们也可以将它们分开考虑。

a. 选择事实。每个真实事件中都存在许多细节，它们是整个事件的一部分，但对问题的关键来说却显得无关紧要。一种经验

---

① 比较一下在第七章中分析的第四个功能。

的所有部分虽然同等存在，但作为标记和证据，它们的价值却完全不同。"这是重要的"或"这是无价值的"，这种关于品质的说法没有什么标签或符号，强烈、生动或显著等也不是表明和证明价值的合适标尺。在特定的情境中，最显眼的事情可能完全没有意义，而理解整个事情的关键却可能是微小而隐蔽的。那些并无重要意义的特点，总是让我们分心。人们坚持认为，他们的要求可以作为说明的线索或暗示，而真正具有重要意义的特点又完全不显露在表面上。因此，即使是出现在感觉中的情境或事件也需要判断；一定要对其进行排除、淘汰、选择、发现和理解。在我们获得最后的结论之前，淘汰和选择是尝试性的和有条件的。我们选择那些我们希望能够提示意义的事实。但是，如果这些事实并不能暗示和包含某种情境，那么，我们就得重新组织资料或事实。这些事实的特点可以用来作为证据，以得到一个结论或形成一个决定。

选择、淘汰或组织有意义的证据性事实并没有严格和固定的规则。正如我们所说，这完全要靠良好的判断。所谓良好的判断，是指能够指明疑难情况各个特点所拥有的价值，能够知道什么是无价值的，应当排除哪些不相干的材料，应当保留哪些有利于结果的材料，什么应当作为疑难中的线索加以强调。在日常事务中，这种能力被称为技巧、机智、聪明；在更重要的事务中，它们被称为洞察力和辨别力。这种能力，一部分是本能的或先天的，但也有一部分是熟悉以往相似活动的基本结果。有了这种能力以抓住证据性的或意义重大的事实，并放弃其他无关紧要的材料，这是每个行业中专家、行家和内行的特征。

密尔援引下面的事例，说明从情境中找出具有重要意义的因素的能力可以发展到非常完美和精确的地步。

> 一个苏格兰工厂主，用高薪从英格兰聘请了一个以配制
> 上等的颜色而闻名的染色工人。工厂主要求他向其他工人
> 传授这种技能。这个工人来了，但他调和染料的各种成分时
> 是用手抓，而不是用秤。他配制颜料的秘诀就在于此。工厂
> 主要求这个工人改变用手抓的方法，采用通常的秤法。这
> 样，其独特的生产方法的一般原理就可以查清了。然而，这
> 个工人发现自己不会以秤代手，所以无法向任何人传授他的
> 技艺。在他个人的经验中，颜色的作用和他手捏颜料的知觉
> 之间已经建立起一种联系；他在任何特殊情况下，都能凭借
> 知觉推断出使用的方法及其所产生的效果。

对于情境进行长期周密的考虑，与强烈的兴趣相联系的密切
接触，热衷于大量类似的经验，由此产生的判断，称为"直觉判
断"；这是真实的判断，因为它们立足于明智的选择和估量，以解
决问题作为控制的标准。是否拥有这种能力，形成了专家能手与
仅凭脑力的笨拙的人的区别。

这就是判断最完美的形式。但是，无论如何，这种方式总伴
有某种感觉；尝试选择某些特质，以确定其所着重导向的东西；伴
随谋求得到最后的客观评价的期望；如果别的特点更能说明暗
示，便期望完全排除某些因素，或者把它们放到不同的位置。机
警、灵活和好奇心是基本的要素，独断、顽固、偏见、任性、因循守
旧、易怒和轻率则必然导致失败。

　　b. 选择原则。当然，对资料的选择是为了控制说明资料所依

据的那些联想到的意义的发展和审思。① 概念的发展与对事实的确定是同时进行的；可能的意义在头脑中一个接一个地出现，与其适用的资料联系在一起，发展为更加详细的细节，然后决定抛弃它或者暂时接受和使用它。我们不能以天真或单纯的心灵处理任何问题，而应当以某种后天的惯常的理解方式，以及先前逐步积累的一些意义或至少是从意义中推断出来的经验来处理问题。

如果抑制一种习惯，并禁止其付诸实际，那么正在考虑的事实的可能的意义就会自动呈现出来。没有任何硬性规定能够确定某种联想到的意义是正确和恰当的并应该贯彻到底。这要由个人良好的（或坏的）判断作为向导。在任何给定的观念和原则上面，都没有贴着标签说"在这种情境中，使用我吧"——像《爱丽丝漫游奇境记》(*Alice in Wonderland*) 中的魔法蛋糕刻着"请吃我"一样。思考者必须进行判定，作出选择；风险总是存在，因此慎重的思考者小心翼翼地选择，也就是通过后来的事件验证其正确或失误。如果一个人不能明智地评估什么是对令人疑惑的问题的合适解释，那么，努力学习而建立起来的大量概念存储就没有什么用处。因为学问不等于智慧，知识也不能保证良好的判断。记忆好像一个冷库，里面存储着许多供未来使用的意义，但判断只选择和采用在紧急情况下使用的意义——只有紧急情况（某种危机，无论大小）才会引发判断。任何概念，即使它在理论上是被谨慎和牢固地建立起来的，一开始在解释事物时也不过是一个候选而已。只有在清除障碍、排除疑难、消除差异中取得比

① 参见本书第 101 页和第 105 页。

其竞争对手更大的成功,才能决定并证明它是用于特定情况的有效观念。总之,思考是对资料和观念的持续评价。除非每一个表面上可作证据的事实以及表面上可作解释的观念的针对性和力度得到判定和评价,否则心智注定徒劳无功。

在决定中终结

3. 当判断形成之后,它就是决定;判断终结了,或者说,结束了有争议的问题。这种决定不仅解决了那个特定的问题,而且为未来判定类似问题提供了一种规则或方法;就像法官的判决,不仅终止了争论,而且形成了未来判决的先例。如果该解释不遭到后来事件的反驳,那么,一个支持在其他情况下作出类似解释的事实推断就得以形成。只要其他事件的特征与以前的事件没有明显的不同,援引这种解释就是恰当的。这样,判断的原则就逐渐建立起来;一定的解释方式就变得日益重要与权威。简而言之,意义被标准化了;它们变成了逻辑的概念。[①]

II. 分析与综合:判断的两个功能

通过判断,混乱的资料得到澄清,看似毫无联系和支离破碎的事实被联系在一起。澄清即分析。联系在一起,或者说统一,即综合。事物可能使我们有特殊的感觉,它们可能给我们造成某种无法描述的印象;这个事物可能使我们感到它是圆的(也就是

---

① 参见本书第 144 页。

表现出一种性质,我们随后把它定义为"圆的");一种行为看上去可能是粗鲁的(或者我们随后分类为粗鲁的东西);而这种印象和性质可能会消失、吸收、融合在整体情境之中。只有当我们在另外的情境中遇到错综复杂的或难以理解的某种东西时,才需要利用最初情境中的那些特点,将其抽象或分离出来,从而使它变成个别化的东西。只有当我们需要说明某个新物体的形状,或者某种新行为的道德性质时,才会把旧经验中圆的和粗鲁的元素分离出来,使之呈现为一种独有的特征。如果分离出来的元素澄清了新经验中模糊的东西,如果它确定了不确定的东西,那么,它自身就因此获得了意义的确定性和明确性。在后面的章节中,我们还会遇到这个问题;这里我们谈到它,只是因为它与分析和综合的问题有关。

精神分析不是物理区分

即使人们明确地阐述了理性分析和物理分析是不同种类的活动,理性分析也常常得到与物理分析类似的处理,就好像这不是在空间中而是在头脑中把一个整体分解成各个构成部分。由于任何人都不可能说明在头脑中把一个整体分解为各个部分是什么意思,因此,这种看法引发了另一种观念,即逻辑分析仅仅是一种列举,列举出所有可以想象的性质和关系。这种看法对教育的影响非常大。① 必修课中的每一个学科都经过——或者依然停留在——可称为解剖学或形态学方法的阶段:在这样一个阶段中,人们认为,学科就是由性质、形式、关系等的区别而组成的,并

---

① 由此产生了在地质学、阅读、写作、绘画、植物学、算术等科目中所有错误的分析方法,我们在其他相关的地方已经讨论论过(参见本书第77页)。

且为每种区别出来的元素安排某个名字。在正常的发展中，特定的性质被强调，且只有用于解决眼下的困难时，才会被个别化。只有当判断某种特定的情境的过程涉及这些性质时，它们才会被用来进行动机分析或使用分析，也就是把某种元素或关系作为特别重要的东西加以强调。

如同把车放在马前面一样，在程序方法的制订过程中存在把结果放在过程前面的现象，而这种方法在小学里普遍存在。在发现过程中和反思性思维过程中所使用的方法，与发现完成之后形成的方法，两者不是一回事。① 在真正的推理活动中，思维的态度是寻求、搜查、预测以及试探这个和那个；结论一经达成，寻求立即终止。希腊人曾辩论过："学习（或研究）怎样才是可能的？如果我们已经知道我们所要追求的东西，那么，我们便不用再去学习或研究；如果我们不知道我们所要追求的东西，那么，我们就不能去研究。"这种二难推论表明，真正的推理活动应当运用怀疑的探究、尝试的联想和实验。我们获得结论之后，应当回想整个过程的各个步骤，看一看哪些是有帮助的，哪些是有害的，哪些是无用的，这有助于在将来迅速有效地处理类似的问题。这样，组织思维的方法就建立起来了。②

有意识的方法和无意识的逻辑态度

人们普遍认为，学生必须从一开始就有意识地认识并且明确地阐明其所要达到的结果中逻辑地蕴涵的方法，否则，他就没有方法，他的思维将乱作一团；而如果他的行为带有某种程序形式

---

① 参见本书第 71—72 页。
② 比较一下（本书第 75—76 页）对心理学与逻辑的讨论。

的有意识的陈述（概述、论题分析、标题目录和细目、统一的公式），他的思维就能得到保护和加强。事实上，一种渐进的无意识的逻辑态度和习惯的发展必然首先出现。只有首先以无意识的和尝试性的方法获得结果，才可能有意识地陈述逻辑上适用于达到一种目的的方法；而这样有意识地陈述的方法对于检查其在给定情况下获得的成功以及弄明白新的类似情况，是有价值的。过早地要求明确表述最具有逻辑性的经验的一些特征，会阻碍学生形成以抽象和分析的手段找出这些特征的能力。正是由于重复使用，一种方法才获得了明确性；有了这种明确性，就能够自然而然地领悟系统所表达的陈述。但是，由于教师发现他们自己最理解的那些东西乃是以清晰的方式区分和定义的东西，所以我们的课堂里就充满了这样一种迷信，即认为儿童的学习应该以明确、具体的公式的方法开始。

正如人们认为分析是把整体拆成碎片，他们也自然地认为综合是把物质的碎片拼凑起来。如果这样想，那综合就显得太过神秘了。事实上，每当我们把握一些事实与一个结论，或者一条原则与一些事实的关系时，综合便已经发生了。如果分析是强调，那么综合就是放置。前者是引出所强调的事实或属性，作为重要的东西明显表现出来；后者是把所选择的东西置于其情境之中，或者置于它与所表示的东西的关系之中。当汞作为金属与铁、锡联系在一起时，所有这些对象都获得了新的知识价值。每个判断都牵涉辨别、区别，把不重要的东西和重要的东西区分开来，把与结论无关的东西和有关的东西区分开来，在这种意义上，每个判断都是分析的；每个判断都在头脑中把所选择的事实置于范围广泛的情境中，在这种意义上，每个判断都是综合的。

教育过程中的分析和综合

那些自诩为专门分析的或专门综合的教育方法（就它们兑现这些夸耀之词而言），与正常的判断活动是不相容的。例如，曾经发生过关于地理教学的讨论，讨论其应该是分析的还是综合的。人们认为，综合的方法应该从学生已经熟悉的地球表面的部分地区中有限的一部分开始，然后逐渐扩大到毗邻的地区（郡、国家、大陆等等），直到形成整个地球的观念，或者包括地球在内的太阳系的观念。分析的方法应该从自然界、太阳系或地球开始，由其构成部分延伸开去，最后获得学生自身所处的周围环境的观念。其中基本的概念是自然界的整体和自然界的部分。事实上，我们不能假定，儿童已经熟悉的地球部分是一个在理智上十分明确的对象，因而儿童能够立即从现有观念着手学习。儿童关于地球的知识是朦胧的、含糊的，也是不完整的。因此，理智上的进步涉及对于环境的分析——强调那些有重要意义的特征，从而使它们明显地表现出来。此外，儿童自身所在的地区没有鲜明的标志、固定的界线，并不能加以测量。他关于环境的经验，已经是一种把太阳、月亮和星辰作为其观测景象的一部分的经验，是一种地平线随着他的活动而变化的经验。简言之，即使是他那有限的关于本地区的经验，也包含了比他自己所在的街道和村庄范围更远的、有想象成分的一些因素，包含了与一个更大的整体的联结。但是，他对这些关系的认识是不充分的、模糊的和不正确的。他需要界定本地区环境的特征，以便阐明和扩大他关于更大的包括这些特征的地理景象的看法。同时，在他把握更大的景象之前，本地区环境的许多最普遍的特征都将变得容易理解。分析导致综合，而综合使分析完善。随着学生越来越理解身处太空的巨大而复杂的地球,他们更确切地明白了自己所熟悉的地区的那些详情的意义。哪里有正常进行的反思性思维,哪里就有对选择的强调和对所选事物的解释之间的密切的相互作用。因此,试图把分析和综合对立起来,是愚蠢的。

　　每当评估一件事情时,我们都既要选择和强调一种特殊的性质或特点,也要用理智的观点把先前分散的种种事物联结在一起。在评估土地的价值时,估价员不仅要特别考虑土地本身的金钱价值,而且要将这块土地放在整个地区的范围内加以权衡。这种种情况,存在于所有的判断中。

第九章

理解：观念与意义

I. 作为暗示和假设的观念

倘若我们看到某种在动的东西,意外地听到一种声音,嗅到一种异常的气味,便要问:那是什么? 我们看到的、听到的、嗅到的具有什么意义? 我们发现了它们的意义:一只松鼠在跑动,两个人在交谈,火药在爆炸;这时,我们便可以说,我们理解了。所谓理解,就是把握住事物的意义。如果我们有好奇心,那么在理解之前,我们会遇到困难,感到迷惑,并因此产生探究的行动;理解之后,我们至少在理智上比较稳定了。在调查研究的过程中,有时意义只是暗示性的;我们把它当作一种悬而未决的可能性,而不把它当作一种现实的东西。这时,意义便是一种观念了。观念处于确定的理解和心智的混乱迷茫之间。当一种意义被有条件地接受,以便运用和试验时,这种意义便是一个观念、一个假设。当一种意义被肯定地采纳时,那么,某个对象或事件也就被理解了。

观念是判断的因素和解释的工具

和判断不同,观念不是一个整体,而是形成判断的一个单位因素。我们可以把一个完整的反思性思维与一篇文章作个对比;判断就好比是文章结构中的一个句子,而观念则好比是句子中的一个词。我们已经说过,观念是推论中的必要成分。当意义没有得到肯定和被人相信时,明确的推论可能要延缓和停留在发展与检验的过程中。此外,在推论中,观念是不可缺少的,因为它们引导观察,控制资料的搜集和检查。如果没有一种起指导作用的观念,事实就会像一盘散沙;它们不能形成理智的整体。因此,在讨论观念时,我们并不引出一个新的问题,而是像讨论判断一样,仔细考察思维整体中已经考虑过的因素。

让我们举个例子。假如远处有一个模糊不清的东西在动,我们就会提出疑问:那东西是什么? 即是说,那模糊不清的东西有什么意义。一个人挥动手臂,一个朋友向我们挥手示意,这些暗示都是可能的;如果马上接受其中一个暗示,就抑制了判断。但是,如果我们仅仅把暗示当作一种假定、一种可能性,那么,它就会变成一种观念。观念有下列两个特点:(a)单纯作为一种暗示,它是一种推测、一种猜想,或者在更庄重的场合下,我们称之为一种"假设"或一种"理论"。也就是说,它是一种可能的但又存在疑问的释义模式。(b)虽然存有疑问,但它还是有任务——指导探索和检查。如果那个模糊不清的东西是一个朋友在招手示意,那么,通过细心观察就能看出某些别的特点。如果那是一个人赶着难以驾驭的牲口,那么,也能发现一些别的特点。我们可以看一看,是否可以发现那些特点。如果只把观念看作疑问,那就不能进行探究。如果只把观念看成是必然的事,那也会阻碍探究。如果把观念看作存有疑问的可能性,那么,它就给探究提供了一个立足点、一个立场和一种方法。

如果不把观念当作研究事实、解决问题的工具,那么,它就不是真正的观念。希望学生理解"大地是球形"的观念,和教给学生球形这一事实是不相同的。让学生看或者让学生回想一个皮球或一架地球仪,并且告诉学生:大地和这东西一样是球形的;然后,让学生日复一日地复述这句话,直到学生头脑中大地的形状和皮球的形状重合为止。但是,学生并不会因此获得大地是球形的观念;学生至多可以有某种球形的意象,最终不过是与皮球的意象比拟而得到大地的意象。要理解"地圆"这种观念，学生必须首先从观察到的事实中认识到某些令人不解的特点，然后接收到地圆观念的暗示，作为理解下列现象的可能的解释：船体在海上消失以后，仍然可以看到桅杆的顶部，以及在月食中地球投影的形状，等等。只有用这种方法去解释资料，使资料有更充实的意义，"地圆"才能成为一种真正的观念。生动的意象并不等于观念，而只是一个短暂的模糊的意象。只有当它能够激励和指导对于事实的观察和对事实之间关系的理解时，它才能成为一种观念。

逻辑的观念就像参照一把锁而形成的钥匙。将一条梭鱼和一条可被其捕食的小鱼用玻璃隔开，梭鱼会用头碰撞玻璃，直到筋疲力尽，确信得不到食物为止。动物的学习都是通过试验性的方法进行的，漫无目的地乱碰，如此继续下去，直到取得成功。人类的学习如果不在观念的基础上进行，也会如此，就如同最聪明的低级动物的胡乱行动一样。我们可以用"monkey"这个词来形容这种行为。以观念自觉指导行动（即采用暗示的意义，以便用其进行试验），乃是唯一的选择。它既不是顽固倔强的蠢笨行为，又不必依靠代价很高的教师——以偶然性的实验去获得知识。

值得注意的是，许多形容智慧的字眼，都暗示了暗含的观念和不可替换的活动，甚至往往带有道德不当的提示。例如，爽快的、诚恳的人有时做事是直来直去的（这也含有蠢笨的意思）；聪明的人是灵巧的、精明的（不老实的）、足智多谋的、精巧的、能干的、机灵的、有远见的——间接性的观念包含其中。[①] 所谓观念，

---

① 参见王尔德(Ward)：《文明的心理因素》(*Psychic Factors of Civilization*)，第153页。

就是通过反思性思维避免或克服障碍的方法,否则,人们就只会使用蛮力。但是,若习惯性地使用观念,观念就可能失去它的理智的性质。当儿童初次辨认猫、狗、房子、弹珠、树、鞋或其他物体时,伴有某种程度的含混不清;此时具有直觉的、试验意义的观念就参与进来,作为辨别的方法。这样一来,按照惯例,事物和意义完全融合,就没有严格意义上的观念了,而只有机械的认识。另一方面,那些相当熟悉的、已经认识的事物,即使没有观念的参与,也能出现在一种异常的情境中,并引起问题;为了理解这个事物,则又需要观念的参与。例如,一个人画一个房间,就要形成一种新的观念,即两面墙壁和屋顶相交形成房间的角的观念,并把它表现在一个平面图上。一个儿童在日常生活情境中,实际上已经通过玩具和器具熟悉了方和圆的形状。但是,当这些形状出现在一定的几何图形关系中时,儿童还是需要运用心智的力量去形成方和圆的观念。

观念是逻辑的工具,不是心理的混合物

需要指出的是,逻辑意义上的观念与心理学课本上常常提到的观念是很不相同的。逻辑上所说的观念,不是对一个客观事物薄弱的感知,也不是许多感觉的混合物。比如说"椅子",你不能从一把椅子的心理意象中了解到它的特殊意义。一个未经教化的人也许能够形成电线杆和电线的想象,一个普通人也许能够形成复杂的科学图解的想象。但是,除非那个未经教化的人对电信技术有一定了解,否则,他就不能认识,至少不能正确认识电线杆和电线的概念。而对那个普通人来说,即使最准确地复制图解,使他能把它的种种性质一个接一个地列举出来,他仍然完全不能理解它的意义。事实上,从理智上说,一种观念不是由其结构规定的,而是由其功能和用途规定的。凡是在疑难的情境或疑而未决的争论中,帮助我们形成判断,并通过预期的可能的解决办法进行推论而达到一个结论的,便是观念;除此之外,别无其他。观念之所以为观念,就是因为它有使困惑得到澄清,或使碎片得以调和的功能,而不是因为它的心理的结构。

II. 事物和意义

一般说来,一种观念在得到理解之后,它的作用便终止了,一个事件或事物便具有了意义。理解了的事物即是具有意义的事物,它既不同于存有疑问和未获得意义的观念,也不同于单纯的没有理性的物质的东西。我在黑暗中被某个东西绊倒了,而且受了伤,但不知道这是什么东西造成的。就此而言,它只是一件东西、一件这样或那样的东西。如果有一点亮光,又经过调查研究,我得知,那件东西是一个凳子、一个煤斗或一根木柴棒。那么,它就是一种已知的对象、一种被理解了的事物和一种有意义的事物(这三种表述是同义的)。

理解就是掌握意义

如果一个人突然走进你的屋子,喊了一声"paper",你对这个喊声可能有各种不同的理解。如果你不懂英语,那么这不过是一种起物理刺激作用的噪声。但这噪声不是一个理智的对象,它没有理智上的价值。它不过是刚刚说到的没有理性的东西。可是,第一,如果这喊声通常伴随着送早报,它就会产生意义与理智的内容,你就会理解它。或者,第二,如果你在焦急地等待接收某份重要的文件,你可能会以为这喊声意味着宣告它的到来。第三,如果你懂英语,但是没有情境使其与你的习惯和期待相联系,那么,这个词有意义,而整个事件没有意义。于是,你感到困惑,并被推动着去思考和搜寻这种表面上无意义现象的某种解释。如果你找到某种东西说明这种行为,那么,它就得到了意义;你终于理解了它。作为理智的生物,我们预先假定意义的存在,而意义不出现则是反常现象。因此,如果那喊声原来只是一个人要告诉你人行道上有一片纸,或者,这片纸存在于宇宙的某个地方,那么,你就会认为他是一个疯子,或者你受到一个愚蠢的玩笑的愚弄。因此,把握一件事物、一个事件或一种情境的意义,就要看它同其他事物的关系:注意它是如何运作或发挥作用的,由此得到了什么结果,它的起因是什么,它能用在何处。相比之下,我们所谓的没有理性的事物,对我们没有意义的事物,就是还没能掌握其关系的事物。

因为所有的知识,包括所有的科学探究,都旨在把握事物和事件的意义,即理解它们,这一过程总是试图使事物摆脱其孤立性。探究一直进行,直到发现该事物是与某个更大整体相关的部分。因此,一块岩石,可以参考特定条件下形成的沉积地层来理解;天空中突然出现的一道光,可能在确认哈雷彗星回归时得以理解。假设这块岩石上有特殊的斑纹。这些斑纹可能以纯粹审美的方式被看作珍品,引发探究;这样的话,其所导致的探究会为了达到目的而消除斑纹的明显孤立和无相互联系的特征。最终,这些斑纹被确定为冰河时期的擦痕。它们不再孤立。它们与地球历史上的一个时期产生了联系,这一时期大量缓慢移动的冰川下降到现在气候温暖的地区,携带沙砾和岩石,刮擦嵌入地面的其他岩石。

两种理解方式的相互作用

上面的例子说明了对意义的两种理解方式。当一个人懂英语时,他能够在第一时间理解"paper"的意义。然而,对那喊声的全部意义,他可能没有明白。同样,一个人看到的物体是一块石头;关于它,没有隐秘,没有神秘,没有困惑,但是他不理解石头上面的斑纹。这些斑纹有某种意义,但这种意义是什么呢?在一种情况下,已知的事物和它的意义,在某种程度上是合一的。在另一种情况下,这个事物和它的意义是分开的,至少暂时是分开的。要想理解这个事物,就必须探索它的意义。在第一种情况下,理解是直接的、迅速的、即时的;在第二种情况下,理解是迂回的、迟缓的。

大多数语言都有两类词来表达这两种理解方式;一类表示对意义的直接理解或把握,另一类表示间接理解。这样,希腊文的 γνῶναι 和 εἰδέναι;拉丁文的 noscere 和 scire;德文的 kennen 和 wissen;法文的 connaître 和 savoir;还有英文的 to be acquainted with(了解)和 to know of or about(知道),都被认为是同义词。[①] 我们的思维世界就是由这两种理解方式的相互作用构成的。所有判断,所有反思性推论,都预先假设了其对象缺乏理解,在某种程度上缺少意义。我们进行反思性思维,就是为了更完整和更充

---

① 詹姆斯:《心理学原理》(*Principles of Psychology*),第 1 卷,第 221 页。*知道*和*知道什么*,或许不只是完全一致的;比较一下"我知道他"和"我知道他已经回家了",前者简单地表达了一个事实,而后者则需要提供证据。

分地掌握实际情况的意义。然而，某种东西必然已经被理解，心智必然已经掌握了其所具备的某种意义，否则，思维活动根本不可能展开。我们进行思维是为了把握意义，但随着知识的扩大，我们意识到了盲点和暗点；而在知识较少的时候，这些盲点和暗点似乎一直是明显的和自然的。将一个科学家送入一个新地区，他会发现许多他不理解的东西；而当地居民或村民，则只知道那些事物直接的表面上的意义。一些被带到大城市的印第安人，看到桥梁、有轨电车和电话时，反应迟钝，呆头呆脑；但看到工人爬上电线杆修理电线时，却十分着迷。意义的累积使我们意识到新的问题，而只有把新的困惑转化为已经熟悉和明白的东西，我们才能理解或解决这些问题。这是知识持续不断的螺旋运动。

理智进步的节奏

我们在真正的知识上取得的进步，总是一部分在于从先前被当作清楚的、显然的、不言而喻的事物中发现某些未被理解的东西，一部分在于用直接把握的意义作为工具来掌握含糊的、不确定的意义。没有对象会如此熟悉、如此显然、如此普通，以致它不会在一个新情境中出人意料地表现出问题，因而引起反思性思维来理解它。没有对象或原则会如此奇怪、特殊或遥远，以至于只有当它的意义为人所熟知——一看见就不加反思地接受——人们才对它进行详细阐述。我们可以逐渐看见、感知、认识、把握、抓住和掌握原理、规律、抽象的真理，即直接理解它们的意义。如前所述，直接的理解称之为直接理解，而非直接的理解称之为间接理解，智力的进步就在于直接理解和间接理解有规律的循环运动。

III. 事物获得意义的过程

与直接理解相联系而产生的第一个问题，是如何建立直接认识到的意义的存储。我们如何才能学会把看到的东西当作一个情境的重要组成部分，或具有特定意义的理所当然的事呢？我们回答这个问题的主要困难，在于从常见事物中习得的教训具有彻底性。思维固然能够改变已彻底完成了的以致深深扎根在无意识的习惯中的东西，但它却更擅长探究未开发的领域。我们能够迅速而直接地了解椅子、桌子、书籍、树木、马、云、星星、雨；但当这些事物还是单纯的未被感知的事物时，我们却难以认识它们，正如如果现在我们突然听到了乔克托语（Choctaw language），会觉得这个声音难以理解。

模糊整体先于理解

詹姆斯先生有一段常常被人引用的话，他说："婴儿一旦受到眼睛、耳朵、鼻子、皮肤和内脏的刺激，就感到乱糟糟、乱哄哄、一片混乱。"[1]詹姆斯先生是在说，儿童把世界当作一个整体。然而，这种描述同样适用于任何新事物打动成年人的方式，只要该事物确实是新的和陌生的。对于传统的"猫在陌生的阁楼里"来说，一切都是模糊的和混淆的；通常用来标明事物，从而使它们相互独立的标记在这里是缺席的。我们不懂的外语，听起来似乎总是模模糊糊的，难以辨别，因而不可能辨清其单音节的声音。再如，农村人走在城市拥挤的大街上，没出过海的人到了海上，一个体育

---

① 詹姆斯：《心理学原理》，第 1 卷，第 488 页。

新手在一场复杂比赛中与高手竞争。把一个没有经验的人安排到一个工厂里,一开始,那种工作对他来说,似乎是毫无意义的混乱一团。来访的外国人看另一个种族的所有陌生人都是一样的。对于一群羊,门外汉只会感到大小或颜色方面的差异,而牧羊人却对每只羊的特点了如指掌。模糊不清的东西和毫无章法的变化,是我们不理解的东西的特征。因此,获得事物的意义,或者(以另一种方式说)形成简单理解的习惯,就是把意义的(a)明确性或特性,以及(b)一致性、连贯性、恒常性或稳定性,引入含糊或变化不定的事物之中。

实际的反应澄清了模糊

意义的明确性和一致性主要是通过实践活动获得的。儿童通过滚动一个物体,感知到它是球形的;通过拍打它了解它的弹性;通过举起它,知道重量是其显著独特的因素。相应的调整不是通过感官,而是借助反应,成为一种有别于引起不同反应性质的特征的印象。例如,儿童认识颜色的差别的过程通常十分缓慢。一些在成年人看来十分显眼因而不可能不注意到的差别,却很难被儿童认识到和回想起来。毫无疑问,儿童并不是觉得所有颜色都是一样的,但他们对于差异没有理智的辨认。物体的红色、绿色或蓝色,并不能够引起一种足以专门突出或区别这种颜色特性的反应。然而,有一定特征的习惯性反应却逐渐与一定的事物相联系:白色成为儿童喜爱的牛奶和糖的标志;蓝色成为儿童喜欢穿的服装的标志,等等;而且,这些不同的反应有助于使颜色性质从那些埋没它们的事物中脱颖而出。

再举一个例子。我们不难把耙、锄、犁、铲和锹区别开来。它们各自均有相应的特定的用途和功能。然而,一个植物学的学生可能很难分辨锯齿状与牙齿状、卵形与倒卵形的树叶形状和边缘之间的区别，或者一个化学系的学生很难区分高价酸和低价酸之间的差异。其中是有一些差别，但具体是什么差别呢？或者我们知道差别是什么，但怎样才能一一指出这些差别呢？事物的形状、大小、颜色和结构方面的变化与特征和意义独特性的关系，比我们认为的要小得多；而事物的用途、目的和作用与特征和意义独特性的关系，比我们认为的要大得多。误导我们的是这样一个事实，即形状、大小、颜色等性质现在十分独特，以致我们看不到问题恰恰在于要说明它们最初获得自己明确性和显著性的方式。如果我们只是被动地面对对象，那它们永远不能从淹没它们的那一片含混模糊的东西中显露出来。声音在高低和强弱方面的差异，会给人们带来不同的感觉；但是，只有当我们对它们采取不同的态度，或者做一些有关它们的特殊的事情时，才能从理智上掌握并记住它们含混的区别。

绘画和语言中的例证

儿童的绘画为相同原理提供了进一步的例证。对于儿童来说，透视法并不存在，因为儿童的兴趣不在于形象化的展示，而在于所表现事物的价值。而透视法对于前者来说是必不可少的，它与事物自身特有的用途和功能没有关系。画出的房子有透视的墙壁，因为其中的房间、椅子、床和人是这个房子中意义非凡的重要事物；烟囱总是在冒烟，否则，为什么要有一个烟囱呢？在圣诞节时，长筒袜被画得几乎和房子一样大，甚至大得只好放到房子外面——无论如何，正是其使用价值的尺度提供了其性质的尺度。绘画是这些价值的图示提示，而不是对物质和感觉性质的公正记录。大多数学习绘画艺术的人所感到的主要困难之一，就是习惯性使用和使用的结果已经被如此深入地融入事物的特征，以致实际上不可能随意地排除它们。

声音获得意义，就变成了词。这也许是最明显的例证，从中可以发现纯感官刺激获得意义的明确性和恒定性的方式，并且为了易于辨认而使它们自发进行定义和相互联系。语言是一个特别好的例子，因为有数百个甚至数千个词的意义与其物理性质完全准确地联系在一起，因而可以被直接理解。就物理对象而言，譬如桌子、椅子、纽扣、树木、石头、山冈、花朵等等，它们在理智意义上与物理事实的统一似乎是本来如此的；而就词的情况而言，获得事物和意义的联结是一个逐渐的、艰难的过程，这样才能比较容易地认识它们。物理对象的意义似乎是其自发给予我们的，而不是我们通过主动探索获得的。就词的意义而言，我们很容易看到，正是通过发出声音并注意由此产生的结果，通过聆听别人的声音并观察同时出现的活动，一个给定的声音最终变成了一种意义的稳定承载者。

意义与背景

就文字的意义而言，我们通过观察儿童的经验和我们自身学习法语或德语的经验，就可以知道，这类事情和声音一样，它们原先并没有什么意义，通过使用才获得了意义，而这种使用经常涉及某种背景。儿童刚开始学习理解和使用语言时，其背景主要是事物和行动的关系。儿童把帽子同他出门时戴在头上的某种东西联想在一起，把抽屉同从桌子中拉出来的某种东西联想在一起，等等。对儿童来说，由于单独的词直接存在于事物与行动的关系之中，其作用与成年人的整个句子一样。逐渐将原先已获有意义的其他词运用到外部行动的情境之中，这样就能提供一个背景,使得思维活动可以离开事物和行为的关系。从只能说出一个单独的词到说出整个句子,这标志着语言的明显的进步。但是,更重要的是,它表示一个人在理智上有了巨大的进步。这时,虽然事物并不能够被感知,也没有任何明显的活动,但他却能通过事物的语言指号来进行思维。当他理解了其他人所进行的类似的组合时,他便有了无限扩大其他方面狭窄的个人经验的新资源。当他学习阅读时,纸上任何符号对他来说都获得了意义;他具有了进一步扩充经验的手段,包括别人的经验以及在空间和时间上离他很遥远的经验。

如同我们刚刚说过的,有些事物起初在我们的经验中并没有什么意义,它们同声音一样,是通过在一定的背景中加以运用才获得了意义,通过给我们带来乐趣和帮助才获得了意义,如食物、家具、服装等物品;或者是通过给我们带来伤害和痛苦才获得了意义,如离火过近、被针刺痛、铁锤钉钉时敲打到手指上等。这种种事实是不容易理解的。

例如,夜空中显现出来一点儿亮光,一般人单纯认为它是小亮光,而有辨别能力和渊博知识的天文学家却不同。天文学家认定它是行星、小行星、卫星或恒星,即其他星系中的太阳。上述每件事物都伴有其巨大的知识积累——距离、运动速率、化学成分以及厚厚的天文学著作中实际涉及的一切事物。从单纯的一点儿亮光,到一个特别重要的对象,这种认识的变化说明了我们理解或认识各种事物时获得意义的过程;也说明了获得理解能力(这种能力同样是通过获得事物的意义取得的)的过程,是通过语言和通过推理得到的对一系列意义①的详尽阐述才得以深入的。后者的发展依靠某种语言指号系统，而我们必须牢记：数学符号也是一种语言。

手段—结果关系及其在教育上的重要意义

概括来说，当事物被用来作为得到某种结果的手段（或者作为阻碍某种不希望产生的结果的手段），或者，我们为了达到某种结果而去寻求手段时，事物便获得了意义。这种手段—结果的关系是各种理解的中心和核心。对椅子、桌子、鞋子、帽子、食物等事物的理解，说明手段—结果的关系是从"手段"开始的。任何发明，都是从"后果"或寻求结果开始的手段—结果的关系。爱迪生由于电的应用，才想到制造电灯；于是，他必须去寻找制造电灯的条件和关系，即寻找手段。兰利和莱特兄弟俩设想出一种观念作为一种希望达到的结果，即制造一部在空中飞翔的机器，这同样需要取得种种手段。一切日常的计划，都是如此。我们想到某些必需的或想要的事物，便去寻找材料和方法，以得到这些事物。每当我们需要解决这类问题时，都要把这个事物放到手段—结果的关系中，使事物增加意义。例如，电灯的发明使得碳丝得到了新的意义；又如，汽油一度几乎是无用的副产品，而内燃机的发明使它获得了新的意义。

这个原则在教育上的重要意义是不言而喻的。在学校教育中，未能培养理解能力——一种珍贵的教育成果，其主要原因之一就是忽视了在实现结果的过程中将积极利用种种条件作为手段，忽视了向学生提供激发其创造力和创新性的活动，使他们能

①　参见本书第108页。

够完成设计的目标或寻求种种手段，达到某种预想的结果。各种常规的活动和外力强制的活动虽然能够促进技能的进步，但却不能发展理解能力。许多所谓的"问题"，实际上只是指定的任务；充其量不过是应用于制订规则和操纵符号的一种机械的熟练。总之，要有预期的结果，并为实现该结果寻求手段；或者提出种种事物（包括已经熟练使用的符号），将其置于反思性思维的条件下，看其在使用中能有什么结果。只有这样，理解力的发展才是可能的。

人们总是认为，能够把教材储存在记忆中，并按照要求再现，这便是理解。但我们讨论的真正结果却是：只有理解，才是真正的学习。

第 十 章

理 解 ： 概 念 与 定 义

I. 概念的本质

在前一章,我们已从两个方面讨论了意义,并暗示了第三方面的存在。我们将在本章对第三方面进行更多更充分的考虑。已经讨论过的两个方面是:(1)意义作为一个不确定的、假设的可能性,简言之,作为观念(观念不是一个纯粹的心理合成物,而是一个对象或情况,具有一种被认为而非被接受的状态);(2)意义作为事物和事件的性质。这一联结表明事物怎样获得意义以及意义怎样最终与一件事物相统一,以至于我们从未想过把事物与它的意义分割开来。

概念是已确定的意义

我们在探讨意义的部分时,顺带指出的一个事实是,观念在被用来作为观察和行动指南之后,可能得到确认,并因此代表其自身获得一种公认的地位。其之后被采用,不是暂时的和有条件的,而是有把握地作为一种工具,以理解和解释仍不确定的和令人困惑的事物。这些既定的被认为可靠与正当的意义,就是概念。概念是判断的途径,因为它们是参考的标准。它们可能是"标准化的意义"的最佳描述。每一个为人所熟知和了解的普通名词,都可以用于判断其他事情来表达概念。桌子、石头、落日、草、动物、月亮……在普通名词列表上的这些词,是固定的、可靠的,它们的意义本身便是概念。我们看到一个很奇怪的物体,有人告诉我们,它是某个民族使用的一种床。正在讨论的事情,其意义便不再陌生;对我们来说,它的意义已经被确定。

概念使我们能够概括

概念使我们能够概括,即扩展和延续我们从一件事到另一件事的理解。如果我们知道一般意义的"床"是指什么,那么,我们至少可以说明个体的床是什么种类(*kind*)或什么类型(*sort*)。很明显的是,这些概念代表整个类或事物的集合,因而极大地节约了我们在智力方面的努力。当然,我们有时也会对对象的特定特征尤其感兴趣,试图了解它的独特性是什么以及是什么使其成为独特的。但就实际意义而言,知道它是什么种类的事物就足够了;知道这一事实,我们便能使所有这类思维和行为习惯发挥作用。概念使适合先前已知的大量情况的事物产生作用,让思想摆脱发现这东西是什么的禁锢。

概念规范我们的知识

概念使我们的知识标准化。概念能使事物未定形的方面确定下来,使事物变动的方面不再变动。如果我们任意改换磅所表示的重量和尺所表示的长度,那么,很明显,当我们使用磅和尺的时候就什么也表示不出来了。如果那样,我们说这块布是 1.5 码宽,或者说这一大堆糖是 20 磅重,还有什么意义呢?参照的标准,在任何情况下都必须保持不变。概念的意义一经确定,在任何场合下都应保持不变。有时,当人们讨论某一有争议的事情时,越争越乱,把参与讨论的人都搞糊涂了,这是因为他们在争论过程中无意识地变换了自己所使用的名词的意义。反思性思维和新的发现确实能够改变旧有概念的意义,正如人们可以把度量由尺—镑制改为公制一样。然而,人们必须格外当心,牢记自己现在使用的是变换了的意义,否则,他们将会无奈地陷入一塌糊涂的状态。

当人们说他们彼此理解了，其含义是他们在一些事情和问题上，经过讨论后达成了一致。这一事实说明，标准化的、固定的意义是人们进行有效交流的一个条件。当两个人说着互相听不懂的语言时，他们在某种程度上仍然可以交流，因为他们的交谈中存在双方都认可的表示相同意义的手势、姿势。实际上，对于两个人来说，尽管各自的经历不同，但他们都需要社会生活的共同意义，且其生活的条件是使意义标准化的一个主要力量。当概念的意义得到社会的公认后，个体就能保持自身思想的稳定，因为其思想中涉及这些概念的部分可以保持不变。"椅子"的意义永远相同；"太阳"、"水"、"地球"等，也是如此。我们日常使用的所有名词，不管在什么地方、什么时间以及在其他的经验条件下，总是指同样的事物。

概念帮助我们认识未知的事物，使我们已经感知的尚不完备的知识得到补充

稍微换个角度说，概念，或者说标准化意义是指，(a)鉴别的工具；(b)补充的工具；(c)把一种事物纳入一种体系的工具。假设在太空中探测到前所未见的很小的一点光，那么除非有丰富的意义作为工具支持探究和推理，否则，这束光对于感官而言就只是其本身，即仅仅是一点光。尽管它导致某种结果，但也可能仅仅是视神经的一种刺激。然而，如果有了在先前经验中获得的意义存储，就可以借助适当的概念对这束光加以分析。它象征着一颗小行星，或是彗星，或是一个新形成的恒星，或是由于某种宇宙碰撞或蜕变而形成的星云。这些看法各有其特有的和与众不同的特征，人们为了证实它们进行了详细而持久的探究。最后得出结论：这点光就是一颗彗星。通过一种标准化意义，它获得特征的同一性和稳定性。这时，人们的认识就有了补充。彗星所有已知的性质都被加到这个特定的事物上，即使这些性质尚未被观察到。过去的天文学家所获知的关于彗星轨道和结构的知识，都变成解释这束光的可用资本。最后，这种彗星的意义并不是孤立的；它是整个天文知识系统里的一个相关的部分。恒星、行星、卫星、星云、彗星、流星、星尘等所有这些概念之间，都有一定的相互关系和相互作用。当这一束光被识别为一颗彗星时，它立即被接受为这一浩瀚的知识王国中的正式成员。

达尔文曾讲过一个自己的小故事。年轻时，他告诉地质学家西季威克（Sedgwick），自己在一个砂砾矿中发现了一个热带贝壳。对此，西季威克说，一定是哪个人把它扔在那里的；接着又说，"但如果它真是深埋在那里的，就将是地质学最大的不幸，因为它会推翻我们知道的所有关于英国中部地区地表沉积的理论"——因为这些理论认为，地表沉积是冰河时期形成的。于是，达尔文接着说："当时我感到非常吃惊，西季威克对于英国中部地区靠近地表的地方发现一个热带贝壳这一事实并不感到高兴。过去还没有什么事情使我完全认识到，科学就在于对众多事实进行分类，以便从它们当中得出一般规律或结论。"这件事（当然，从任何科学分支中都能重复发现）表明，科学理论如何使涉及所有概念的使用的系统化倾向变得明晰。

概念的教育意义

接下来，我们要指出的是，无论怎样高估获得概念的重要性，都不过分，即是说，意义是普遍的，因为它适用于大量的多种多样的事例。它们是稳定的，是统一的，是自我同一的；它们是标准化的参照点。有了这个参照点，我们就能够在遇到奇怪和未知事物时找到方向。

　　儿童当然不能获得和使用那些经验比较丰富的人所使用的概念。但是，在每一个发展阶段、每一节课上，都应该设法引出一定数量的概念化的印象和观念，以便发挥教育的作用。如果没有这个概念化或理智化的观念，他们就无法获得知识从而更好地理解新的经验。这便是教育上所说的积累的含义。一时的兴趣或许能起到一些吸引和激励的作用，但却不能弥补理智积累的不足。

　　然而，概念在教育上的重要性曾使教学犯了很严重的错误。我们前面提到的对逻辑的错误使用[①]，其根源是相信可以把确定的、一般的意义或概念提供给学生，让他们将其作为现成的东西加以吸收，这样就能加快和提高获得知识的速度和效率。这样做的结果是，教学忽视了构成概念的基础条件，留给大多数学生的只是一些文字公式。所传授的概念距离学生的理解和经验太远，必定会造成人为的混乱。

　　实验学校的教育反对强迫学生接受难以理解的教材，但却走向了另一个极端。他们向学生提供各种各样有价值的经验和实际的活动，却不清楚这些活动的最终目的是要取得教育的价值，而不是为了消遣取乐——也就是说，要使经验达到相当确定的理智化。这种理智化就是指既确定又普遍的观念的积累。使教育具有理智性，和从经验中获取观念，二者的意思是相同的。如果一种经验不能增加意义，不能更好地理解事物，不能确立未来的计划和行动方向，总而言之，不能成为一种观念，那么，这种经验

-----

① 参见本书第 78 页。

还有什么用处呢？在教学方面，没有比真正的概念的形成方式更重要的问题。现在，我们就来研究这个问题。

II. 概念是如何产生的

概念不是从现成对象中提取共同特征形成的

为了方便，我们从反面开始讨论这个问题，从现行的有关概念形成的看法的错误性质说起。概念不是把很多具有特定意义且早已被人们完全理解的事物拿来，将它们一个对一个、一点对一点地加以比较，直到排除相异的性质，保留这些事物共同具有的核心。有时人们会这样描述概念的由来。一个儿童刚开始看到的是许多不同的、特殊的事物，比如说一些特殊的狗：他自己的小狗"菲多"，他邻居的小狗"卡罗"，他亲戚家的小狗"翠翠"。他面对所有这些不同的对象，分析出其许多不同的性质，例如（a）颜色、（b）大小、（c）形状、（d）腿的数目、（e）毛的数量和性质、（f）饲料等等；然后去掉所有不同的性质（如颜色、大小、形状、毛），保留每条狗都具有的共同的性质，比如它们都是四足动物，都是驯养的动物。

概念源于经验

事实上，这个儿童的概念是从某条他看到、听到和与之玩耍的狗的具有重要意义的东西开始的。他发现，他能把对一些特别的行为方式的期待，从一次经验延伸到随后的经验——甚至在这些行为方式表现出来之前就期待它们。每当某一事物的刺激出现时,每当这个对象给予他理由时,他就容易采取这种期望的态度。这样,他就可能把猫叫成小狗,或称马为大狗。但是,当他发现他所期待的特点和行为方式与实际不完全符合时,他就不得不从这种狗的意义中放弃某些特点,并选中和强调其他一些特点。随着他把这种意义运用于其他动物,这种狗的意义就得到进一步的明确和完善。他不是从许多现成的对象开始,从这些对象中提取一种共同的意义;他试着把来自其旧经验而有助于理解和处理新经验的东西,运用于新经验。

概念因为使用而更加确定

如果认为儿童关于每条狗的观念一开始就是清楚和确定的,且其对自己的狗的各种独特的性质具有充分的知识,那么,这种说法是不真实的。确切地说,只要儿童所知道的狗只有"菲多"这一条(更有甚者,他所知道的动物只有这一条狗),那么,他最初关于"菲多"这条狗的观念就是含糊的、不固定的和犹豫不决的。通过观察家里的猫,他才辨别出猫、狗这两种动物之间的不同性质。随着他进一步与马、猪等其他动物接触,属于狗的明确特征被进一步划定。所以,即使没有与其他的一些狗作大量比较,一个关于狗的概念也逐步建立起来。只要他认识到他的"菲多"是一条狗而不是猫或马,也不是其他的什么动物,那么,当他认识其他动物的时候,就能以此作为参照点,对其他的动物加以归类和区分了。在整个过程中,他试图把经验中模糊的和不确定的观念应用到所有与狗相似的动物身上。凡是适用的,那就说明原来的观念也适用于与狗相似的动物;凡是不适用的,他就能认识到这些动物之间的区别。通过这些过程,他的观念获得了整体性、稳定性和明晰性。一个概念就这样形成了。

概念因使用而具有普遍性

一个模糊的、或多或少尚未定型的观念,需要经过同样的过程才能获得普遍性。也就是说,概念具有普遍性是因为它被使用,而非因为它本身的成分。有人把概念的起源归结为分析,认为在观念中有一种与概念非常相似的东西,它详细分析许多个别事物,保留其中所有类似的因素,并用这种因素构成概念。事实并非如此;一旦人们了解了概念的意义,它就成为加深理解的手段,成为理解其他事物的工具。因此,随着意义的确定,它的内容也得到了扩充。概念的普遍性在于用来理解新的事物,而不在于构成概念的那些成分。从众多的事物中搜集它的性质,得到的只能是一堆废渣,这种做法仅仅是堆积而已,只能得到一份目录清单或一个混合体,而不是一个普遍的观念。任何在后来的实践中有助于理解其他经验的特性,都是由于其应用的价值,才具有了普遍性。

刚才我们说的意见,可以与先前提出的关于分析和综合的论述作一比较。① 使观念具有概念的稳固性和确定性的分析,只是强调为解决某些未知事物提供一条线索。假如一个儿童远远地看见一个动物在摇尾巴,就辨认出那是一条狗,那么,这个以前从来没有意识到的特征就会变得清晰——从对动物整体的、模糊的认识中分离出来。这种分析和化学、生物学的科学工作者的分析不同,后者更注重为确认尽可能多的事物提供线索。他希望找到某种符号,使得事物无论是在特别异常的情况下,还是以一种模糊的隐蔽的形式存在,都能运用这种符号加以辨别。那种认为选

----

① 参见本书第120—123页。

择出来的特点其实早已在心里明确了，只是后来才和其他特点分离开来的观念，好比把马车放在马的前面一样，前后颠倒了。正是由于选择作为证据或线索，才辨明事物此前未有的特征。

如果说分析可以使意义明确，那么，综合则可以使观念得到扩充并产生普遍性。综合与分析是互相联系的，一旦某种性质被确认，并且赋予它自己特殊的意义，我们的思想就会马上寻找可以运用这种意义的其他事例。在运用的过程中，原先在意义上相互分离的各种事物，成为在意义上融合、同化的事物。这样一来，它们就属于同类的事物了。即使是一个儿童，只要他掌握了一个字的意义，就会试着找机会使用它；如果他有圆柱体的概念，就会把它运用到火炉管和树木等事物上面。这和牛顿在头脑中形成万有引力概念的过程，在原则上是没有差别的。从苹果落地的观念，他马上联想到月亮趋向靠近地球，然后又想到行星的运动和恒星的关系，想到海洋潮汐的变化，等等。运用观念的结果是：原先在一种场合下，已经被认识的、有明确含义的观念被应用到其他事件上，应用到原先被认为彼此孤立的许多现象上，使其融合成一个相互连贯的系统。换句话说，有了一个广泛的综合。

然而，就像刚才所说的，如果把综合的观念仅仅局限于像牛顿发现万有引力这样的重要事例，那将是一个巨大的错误。相反，当任何人把一件事物的意义转移到以前似乎被认为是不同种类的事物上时，综合已包含其中。一个男孩将水注入一只他认为是空的瓶子时，发出的声响使他联想到空气的存在和压力；他理解水的虹吸现象和船的行驶被同样的事实联结在一起，这就是综合。把不同的东西，如云朵、草原、小溪、石头，同时纳入一幅图画，这也是综合。尽管铁、锡、水银各不相同，却把它们设想为同类事物,这还是综合。

III. 意义的定义和组织

含糊性的有害影响

一个根本不能理解的人至少不会产生误解。但是,通过推论和解释的方法,通过判断事物表示什么而获得知识的人,却总是面临曲解、误解、误会——错误的理解——的危险。误解和错误的一种永久的根源是意义的不确定性。由于意义的模糊性,我们误解他人、事物和我们自己;由于歧义,我们歪曲和曲解意义。有意的曲解,可以看成胡说;明显错误的意义,可以发现和避免。但是,含糊的意义过于模糊而不能提供分析的素材,过于飘忽而不能为其他信念提供支持,因而难以对它们进行检验,也难以辨明其是非。含糊性掩盖了各种不同意义无意识的混合,助长了用一种意义替换另一种意义的倾向,并且掩饰了没有任何确切意义的无知状态。这本是逻辑上的过失——产生最坏的理智结论的根源。要想完全消除这种不确定性,是不可能的;而降低它的程度和削弱它的力量,需要我们的真诚和努力。

意义的内涵与外延

一种意义必须始终是分离的、单独的、独立的、同质的,以便达到清楚的或明白易懂的境界。任何这样个别化的意义,在技术上都称为内涵(*intension*)。达到这样的意义单位(以及在达到时阐述它们)的过程,就是定义(*definition*)。人、河、种子、诚实、最高法庭这些词的内涵，就是专门而特别地附属于这些词的意义。这种意义是在这些意义单位的定义中阐明的。

对意义独特性的检验，就是成功地划分出一组事物。这组事物可以作为例证以说明其他组事物的意义，尤其是那些几乎传达类似意义的对象。河流的意义（或特征），必须能够用来表示罗纳河、莱茵河、密西西比河、哈得逊河、沃巴什河，尽管这些河流的地理位置、长度、水质都不尽相同；而且，河流的意义一定不能使人联想到海洋、池塘或溪水。意义的这种用途，即划分各种不同事物的界限并加以归类，就构成了意义的外延（*extension*）。

正如定义表明内涵一样，划分（或相反的过程，分类）表明外延。内涵和外延，定义和划分，显然是相互关联的。用前面用过的语言来说，内涵的意义是作为识别事物特征的原则，外延的意义是对被识别和区别的特殊事物进行归类。作为外延，意义若是不指向某个对象或某类对象，就会是完全不着边际或不真实的；而对象如果没有以自身暗示和例证的独特意义为基础，结合成群或类，那么，它就会悬空，在理智上是孤立的和独立的。

定义和划分合在一起，使我们拥有明确的意义，而且还能说明这些意义所指的对象，说明事物的种类及其多种子类。它们代表对意义的固定和组织。任何一类经验的意义被搞得清清楚楚，以致能够作为划分其他相关经验的原则，于是在一定程度上，这类特殊的事物就变成一门科学；也就是说，定义和分类是科学的标志，它使科学不同于许多没有联系的混杂的知识，也不同于使连贯性进入我们的经验但我们却没有意识到其作用的习惯。

定义的三种类型

定义有三类：指示的（*denotative*）、说明的（*expository*）和科

学的（*scientific*）。在这三类定义中，第一类和第三类在逻辑上是重要的，而介于两者之间的第二类则在社会和教育方面起着重要的作用。

a. 指示的定义。一个盲人，可能永远不会对颜色和红色的意义有恰当的理解；一个有视觉能力的人，只有通过注意表明其特定性质的事物的方式，才能获得这种知识。这种通过唤起对事物的特定态度来确定意义的方法，可以称为指示的或陈述的（*indicative*）。它们需要所有的感觉特性——声音、味道、颜色——而且，同样需要所有的情感和道德素质。诚实、同情、仇恨只有在个人的直接经验中表现出来，它们的意义才能被把握。教育改革家要改进语言训练和书本训练，通常采取的方式是诉诸个人的经验。无论个人在知识、在科学训练方面多么高明，他理解一门新学科或一门旧学科的新进展的方式，必然是直接感受或想象那些有争议的性质。

b. 说明的定义。直接划分出来的或以外延方法划分出来的既定的意义存储，能够使语言成为一种可以建立创新组合和变化的资源。一种没有看见过的颜色，可以把它界定为介乎绿色和蓝色之间；定义一只老虎（也就是说，使老虎的观念更明确），可以从猫科的已知成员中选择一些性质，然后把这些性质与从其他对象中得出的尺寸和重量结合起来。举例说明具有说明定义的性质；字典中给出的对意义的说明，也具有说明定义的性质。接受人们更熟悉的意义并且把它们结合起来，这样，一个人所获得的意义存储就可以供他使用。但是，这些定义本身是间接的和约定俗成的，因而可能导致人们不是以个人经验去努力说明和证实这些定义，而是以权威作为直接观察和实验的替代物来接受这些定义。

c. 科学的定义。即使是通俗的定义也可以作为对个别事物进行识别和分类的规则。但是,这类识别和分类的目的主要是实践的和社会的,而不是理智的。把鲸当作鱼,并不会妨碍捕鲸者的成功,也不会阻碍人们在看见一头鲸时认出它来;相反,不把鲸看作鱼而看作哺乳动物,也丝毫不损害这种实际结果,而且还提供了更有价值的科学识别和分类的原则。通俗的定义选择某种相当明显的特征作为区别事物的关键。科学的定义则选择原因、结果和产生的条件,作为它们独特的因素。通俗的定义所使用的特点,并不能帮助我们理解为什么一个事物具有普遍意义和性质;它只能简单地阐明它有普遍意义和性质这一事实。因果定义和发生定义确定一个事物的构造方式,这种方式决定了它属于哪一类对象。这些定义根据对象的产生方式来说明它属于这个类或者具有共同特征的原因。

例如,如果问一个富有实践经验的外行金属的含义,或者他怎么理解金属,他大概会借助在辨认任何给定的金属和在技艺中有用的性质来回答。在他的定义中,大概会包括平滑、坚硬、光泽,以及光亮、相对于体积的重量,因为当我们看见和触摸这些特定的事物时,这些特点使我们能够识别它们;大概还会包括能够历经锤打、拽拉而不断裂,加热则软而遇冷则硬,保持给定的形状和形式,以及抗压抗腐蚀这些有用的性质——无论如何,可锻造和可熔化这样的术语是一定要列举出来的。如今,科学的定义不再使用这类特点,甚至也不补充说明它们,而是在另一种基础上确定意义。现行的关于金属的定义大概是这样的:金属意谓任何与氧气结合而形成碱的化学元素。碱是一种与酸结合而形成盐的化合物。这一科学的定义不是基于直接感知的性质,也不是基于直接有用的性能，而是按照某些特定事物相互因果联系的方式建立起来的；也就是说，它指一种关系。正如化学概念渐渐成为那些构成其他物质的相互作用的关系的概念一样，物理概念越来越多地表达物质运动的关系，数学概念越来越多地表达函数相关性和组合次序，生物概念越来越多地表达因各种环境调整而产生的遗传变异关系，如此等等，整个科学领域都是这样。简言之，我们的概念在一定程度上达到了最确切的个体性和普遍性（或可适用性），它们表明事物彼此之间如何相互依赖或相互影响，而不是表达事物具有的静态性质。一个科学概念系统的理想状态是：在概念从任何事实和意义转变到其他事实和意义的过程中，保持其连续性、自由性和灵活性；只要我们在不断变化的过程中，把握使一些事物结合在一起的动态联系——一条使我们洞见产生或生长模式的原则，那么，这一理想状态就能得到实现。

第十一章

系统的方法：控制资料和证据

I. 方法是对事实和观念的有意检验

判断、理解、概念等都是反思过程的组成部分。反思过程能够将一个复杂的、混乱的、不确定的情境转换为一致的、清晰的、明确的或确定的情境。对于这些问题的讨论，我们除了在第六章举了三个例子和在第七章做了一些分析以外，还没有提出什么原则意义上的新内容。现在，我们将重新回到这个问题，利用我们增加的知识去讨论控制反思性活动的专门的、复杂的方法。在第七章的第一部分中，我们认识到反思是指通过事实和意义这两个方面彼此间不断的交互作用而引出的思维活动。每个新发现的事实都会发展、检验和修正一个观念；同时，每个新观念和观念的新形式都会引起更深入的探究，从而发现新的事实，修正我们对于以前所观察到的事实的理解。

因此，我们现在进行的讨论分为两个方面：一方面是搜集和检验资料，作为推论的有力证据——控制观察和记忆的方法，为进行推论提供必要的事实；另一方面是形成和发展关于获得观念以解释资料、解决问题和思考并运用概念的方法。正如我们看到的，这两个方面是彼此配合的。精选和辨别恰当的资料，为获得富有成效的观念，为必须进行的检验，提供了一条较好的线索。观念越发展，越有利于刺激新观念的表现和新资料的汇集。

建立系统化方法是必要的

我们从一个方面转向另一个方面，从事实到观念，又从观念回到事实，进行检验。为了控制这个活动，需要一套系统的方法。如果没有适当的方法，人们就会仅仅抓住最先出现在身边的事实,而不去检验这些事实是否真实;即使它们是真实的,也不去检验其是否与需要进行的推论有关。另一方面,我们会轻率地接受最先出现的答案,不经过测试和检验就把它当作结论。我们也会在证据不足的情况下得出某个观念,并将此观念应用于新的事实,而不考虑该事实是否适用这个观念。为了避免在复杂的情况下和在概括事实的过程中犯这些错误,科学的方法是相当必要的。

我们首先举个例子,说明怎样发现相关事实,并以此为基础进行检验,从而形成某个观念,并运用这个观念去解释事实。在这个过程中,一种推断方法产生了。

一个人出去时,他的房间是整齐的;当他回来时,发现房间混乱不堪,东西被扔得乱七八糟。他脑子里自然会出现这样的念头:房间混乱无序的状态是因为有人入室行窃。他没有看见盗贼,盗贼的出现不是他观察到的事实;这是一种想法,一个观念。当然,房间混乱的状态是事实,事实本身就足以说明这是确实的;盗贼的出现,是一种能够解释该事实的可能性。而且,在这个人的头脑中,也没有一个特定的盗贼。房间的状态可以直接看到,它是特定的、确定的——恰如它本身那样;盗贼则是推断出来的。这个人想到的也并非某个特定的人,而仅仅是一类人中不确定的某一个人。

最初的事实,即房间一开始被观察到的状态,并不能证明被盗的事实。后来的推测可能是正确的,但足以确证的证据并不充分。全部的"事实",就其特定内容而言,既太多,又太少。说它太多,是因为那些事实中有许多特征与推论无关,所以,从逻辑上看是多余的;说它太少,是因为最关键的原因往往在表面看来并不明显——如果最关键的原因查清了，那么它就会具有决定意义。所以，细心地研究这类事实的线索是必要的。除了调查这个例证，还需判断那里是否来过盗贼，针对这个问题，就要查明谁是罪犯，怎样才能找到他，怎样确证他犯有罪行。这就需要对事实进行大量的、仔细的调查，那么，事情的细节也会更加清楚。

在假设指导下的观察是有价值的

这种寻查需要指导。如果完全漫无目的地乱碰，就只会得到一堆事实，但这些事实同案件没有联系，反而增加了案件调查的困难。单是这些大量的复杂的事实，就很可能使我们的思维陷入困境。真正的问题是：在这个案件中，什么事实能作为证据？在寻找有证据作用的事实时，最好用某些暗示有可能性的意义作为调查事实的指导；寻找那些能够作出一种解释而摒弃其他解释的关键事实时，更需要这种指导。所以，上述案例中的人怀有各种各样的假设。除了失窃外，也有可能是家里有人急需找到某些东西，因为着急，没有时间把东西重新放好；还有可能是家里的孩子偶然淘气造成的。在某种程度上，每种推断的可能性都会被发展。假如是失盗所致，或是成年人匆忙所致，或是孩子们的淘气所致，那么，每种原因都会有相应的特征。假如这是个被盗的案件，那么，贵重的东西就会丢失。在这个观念的指导下，这个人再次观察现场，就不是从整体上而是依据这个细节进行分析和推论。他发现珠宝不见了，一些银器被扭曲了，银餐具也不见了，剩下的只是一些磨损了的物件。这些信息除了说明失窃外，与其他任何假设都是矛盾的。进一步检查，他又发现了更能说明问题的信息，即窗户被撬开过——这个事实只能与盗贼的活动连在一起。在通常情况下，这些信息就能够作为盗贼来过的充分证据。

如果是在十分异常的情况下，那就只有继续思考别的可能性，继续寻找另外的事实，并用这些事实作为验证这件事的资料。这是从日常生活中举出的例子。至于科学的方法，只不过是借助专门的仪器、设备和精确的计算，更加深思熟虑地处理同类的事情。

II. 方法在资料鉴别中的重要性

联系上文可知，观念或假设能够用来说明资料并把这些资料归为一个整体，形成紧密相连、首尾一贯的情境；这种观念或假设的形成是间接的。如我们所知，暗示出现与否，从根本上来说，取决于当时的文化和知识状况，取决于个人的识别能力、经验以及天资，取决于他最近从事的种种活动，在某种程度上，也取决于机遇。非常富有想象力的发明和发现几乎都是偶然产生的，虽然这些偶然的幸事只发生在那些预先就有特殊兴趣和推理能力的人身上。但是，当最初的暗示出现时，不论高明的人还是愚笨的人，都不能直接地掌握。只有当一个人的头脑中有了思维的习惯时，他才能够接受和运用这种暗示。

掌握暗示最重要的方法，已在前文的事例中有所阐述。这个人面临这样的情境，他必须重新思考、修正、扩充和分析，使这个案件中的事实更加明晰和确定。他努力把这些事实转变为检验他头脑中暗示的资料。在盗窃事件中进行检验，根据检验结果发现那些与某些暗示性的可能不相容的特点，以及发现那些与别的可能相符合的特点。假如那个特定的假设是正确的，那么，在事实中就应该正好有那些特点。最理想的过程是：人们发现的特点正好是那个特定假设应当具有的。事实上，这种典型的证据很难被发现；但在科学研究中，运用掌握、观察和收集资料的方法，就能够得到一些近似的证据。

观察和思维的相互关系

必须注意的是，观察同思维不是对立的，更不是相互孤立的。相反，经过认真思考的观察至少是思维的一半，另一半则是指采纳和认真考虑多种多样的假设。那些显眼的、突出的特点往往不必去理会，那些隐蔽的特征则需要加以揭示，而那些含糊不清的特点则应当着重强调并使之明朗化。

例如，考虑一名医生怎样进行诊断，怎样解释病情。如果他受过科学的训练，那么，他暂缓——延迟——得出结论，为的是不被表面现象所蒙蔽而作出轻率的判断。他在观察中往往会发现某些明显的事实。但是，那些明显的事实，如果作为一种证据性标志，却又大多是错误的；可以作为证据的事实和真正的资料，只有借助一批专家认为可用的器械和技术，并进行长时间的研究之后，才能得到。

一些明显的现象有力地暗示了那种病症是伤寒，但医生在大大地扩展资料的范围，同时使资料更加精确前，应避免得出结论，甚至避免对任何结论产生偏向。他不仅要询问病人的感觉和他患病前的活动，而且要用手（或专用仪器）对病人进行各种各样的检查，以便发现病人完全没有意识到的大量事实。要精确地留心病人的体温、呼吸、心脏活动情况，并准确记录这些情况的变化。这项检查工作，向外，要更广泛地搜集情况；向内，要细致审查已掌握的详情，否则，就要延缓作出结论。

科学方法的规定性

简单地说，科学方法包括观察和积累资料并加以整理，以便形成具有说服力的概念和理论等过程。这些方法都是直接选择那些具有重要意义的准确的事实，以形成暗示或观念。这种选择事实的方法按其特性划分，包括：（1）通过分析，排除那些可能会导致错误的、无关的事实；（2）通过收集和比较，突出强调重要的事实；（3）通过变换实验方法，精心地编排资料。

排除不相关的意义

1. 有一种通常的说法，即人们必须学会辨别哪些是观察到的事实，哪些是依据观察到的事实而作出的判断。从字面上看，这种说法是行不通的；在每个观察到的事物中（假如这个事物有某种意义的话），都存在着某些可感知的、确实存在的、固定的意义，如果将这种意义完全排除掉，那么这个事物就没有任何意义了。甲说："我看见我的哥哥了。"然而，"哥哥"这个词包含着一种关系，这种关系不是从感觉或外表上观察出来的，它是从人的身份中推断出来的。假如甲只是说："我看见了一个男人。"在这里，分类和理智推论的因素虽然较为简单，但仍然存在。假如甲最后只是说："我马马虎虎地看见了一个有色物体。"在这里，某种关系虽然更为原始与不确定，但仍然有所表现。从理论上讲，很可能那里并不存在什么物体，而只是一种反常的神经刺激。尽管如此，劝说人们去辨别什么是来自观察的东西、什么是从推断中得出的东西，仍然是合理的、有实际作用的。这种说法的意义在于：人们应该排除那些经验已经表明的最容易产生错误倾向的推论。当然，这也是一件相对的事情。在通常情况下，没有理由怀疑"我看见我的哥哥"这种观察；如果我们把这种认识放到一个更为原始的形式下进行分析，那将是迂腐而愚蠢的做法。在其他情况下，甲是否曾经看见一个有色的东西，这种颜色是否是由于视觉器官的刺激而引起的（像挨了一拳后"眼冒金星"），或者是否是由杂乱的传播渠道造成的，等等，这些也许就真正成为问题了。通常，科学工作者知道自己可能会匆忙地作出结论。这种轻率是由于他总是惯于把某种意义"塞进"（read）自身所面临的情境而形成的。所以，他必须提防那些由自己的爱好、习惯和流行的偏见所引起的错误。

所以，科学研究的方法在于排除那些过于急躁而"塞进"的意义，对所要解释的资料持完全"客观的"、没有偏见的态度。发红的面颊通常意味着体温过高，苍白的面颊则意味着体温过低。体温计可以自动记录实际体温，因此，可以检验那些在特定情境下可能导致错误的习惯联想。各种观察的工具——计量器、图表和显示器，它们的科学作用在于帮助消除那些由习惯、偏见和强烈的一时的偏激和猜测，以及流行的理论等所支撑的意义。照相机、留声机、记波器、辐射仪、地球仪、体积描记器以及类似的其他仪器，能为人们提供永久的记录，以便让不同的人和不同思想状态下的同样的人应用；那就是说，要受不同的期望和主要的信念影响。这样，单纯的个人偏见（来自习惯、愿望和近期经验的副作用）就在很大程度上被排除了。用通常的语言来讲，事实是由客观决定的，而不是由主观决定的。这样就防止了过早作出解释的趋势。

收集充分的例证

2. 另外一种重要的控制方法是增加事实或例证。如果我怀疑从车上抓一把谷物作为样品不足以判断一车谷物的质量，那我就从全车谷物的各部分多抓几把并加以比较。如果质量都一样，那当然好；如果质量不一致，那就取出足够的样品并进行彻底的混合，就可以作为评估全部谷物质量的合理标准了。这个浅显的例子说明了科学方法在这方面的价值，即坚持用多样的观察来代替由一个或几个事例引出的结论。

在其发展的特定阶段，控制方法的这个方面确实显著，以至于常常被当作归纳法的一部分。人们认为，所有已掌握的推论实际上是通过搜集许多相似事例，并加以比较得出的。实际上，在某些个案中，这种比较和搜集在获得正确结论的过程中是一种二次归纳。如果一个人从一撮麦粒样品推断出整车小麦的等级，这便是归纳。在某种情况下，即如果全部麦粒已被彻底混合过，那么，这就是完全的归纳了。再列举其他的一些事例，也无非是使假设的推论更谨慎，或者更准确。照同样办法，推及前文引用的关于失窃观念的推理的例子。从特殊的推理中得出失窃的一般意义（或关系），而这一特殊的推理就是把同一类事例中检查到的不同细节和性质加以简单的综合。如果这一事例表现得非常含糊和困难，就必须检查大量相似案例，才能作出推理。但是，这一比较并不能把科学的方法运用到本来没有那些特点的过程中；它只是使推论更加谨慎、更加充分而已。对大量事例进行思考，就是为了便于选择有证据作用的或者有重大意义的特征，并以此为基础，对某些个案作出推论。

在这些事例中，相异点和相同点同样重要

因此，在被检验的事例中，相异点和相同点是同样重要的。如果没有明显的差异，那么，比较在逻辑上便没有任何意义。如果我们观察到的和记忆中的其他事实与正在谈论的事实完全一致,那么,这和仅仅依据一个原始的事实而得出结论一样,并未能进一步有益于推理。在前文的例子中,各种各样的麦粒样品,实际上是不同的,至少它们是从车厢的不同位置取出的,这一点相当重要。如果不是因为这些不同点,那么,质量上的相同点对控制推论将没有任何帮助。① 如果我们打算让一个儿童得出关于种子萌芽的结论,那就要考虑引入大量的实例。然而,如果这些实例的条件相似,那么儿童就很难从中有所收获。但是,如果把一粒种子放在沙粒里,一粒放在沃土里,再把一粒放在吸墨纸上;而且每种场合又分别设置两种情况,一种是有水分的,一种是无水分的。这样,不同的因素就会将对得出结论有意义的(或“基本的”)因素凸显出来。总之,观察者应该在条件允许的情况下,尽可能仔细地掌握所观察事实的不同点,并像对待相同点那样认真地注意不同点,否则,他就没有办法确定其所掌握的资料中哪些是具有说服力的证据。

另一种表明相异点重要性的方法是科学家对反面案例的重视,即那些看似应该保持一致但事实上并非如此的案例。反常、例外以及在大多数方面一致但在决定性的某一点上不一致的事物非常重要,许多科学技术仪器的设计,就是为了检验、记录和加强有关对比案例的记忆。达尔文指出:人们往往很容易忽略那些与自己特别欣赏的概括相对立的事实。所以他养成了一个习惯,即不仅寻找那些反面案例,而且把他注意到或想到的任何一个例外都记录下来——否则,这些例外肯定会被遗忘。

---

① 用逻辑术语说,所谓的“求同法”(比较)和“差异”(对立)一定是相互伴随的,或者构成了“合取方法”,以便成为逻辑上的用法。

条件的实验变量

3. 我们已经论及控制方法的因素,这一因素在它适用的每个地方都是最重要的。从理论上讲,一个恰当的样本案例可以作为推断的依据,它的作用抵得上一千个事例;但是,这种恰当的事例几乎不会自发出现。我们必须去寻找它们,而且必须得到它们。如果仅运用我们一开始发现的事例——无论是一个还是多个事例,它们包含的许多东西都是与当前问题无关的,而许多有关的东西则是模糊的、隐蔽的。实验的目的就在于,根据事先设想出的计划,通过特定的步骤,创造一种典型的、有决定意义的情境,并从这个情境中得出结论,以说明当前问题中的困难。正如我们已经提到的①,所有事实方面的方法都依赖于对观察和记忆条件的控制,实验只不过是对这些可能条件最充分的控制。我们努力进行观察,使得包括观察方式和次数在内的所有因素都能被认识。实验的方法,就是使观察开阔、明显、精确的方法。

实验的三个优点。这种实验的观察与一般观察(不管范围多大)相比,有许多明显的优点。一般的观察仅仅是等待一个事件的偶然发生,或一个事物本身的自然出现。实验能够克服我们日常经历的一些事实的缺陷,如:(a)罕见性,(b)难以捉摸和细微性(或歪曲性),(c)僵化稳固性。下面我们将引用杰文斯(Jevons)的《逻辑基本课程》(*Elementary Lessons in Logic*)中的一段话说明这三点。

那些可能要等几年或几个世纪才会偶然碰到的事实,我

---

① 参见本书第102页。

们随时都可以在实验室中轻而易举地制造出来；而且，大多数现在已经知道的化学元素和许多极有用的产品，如果只靠观察等待它们自发出现，那么，它们可能永远都不会被发现。

这段引文提及自然界中某些事实，甚至是非常重要的事实，具有稀缺性和罕见性。下面这一段谈的则是许多现象具有细微性，因而它们往往被日常经验所忽视。

毫无疑问，电存在于物质的每个粒子中，也许每时每刻都存在；即使是古代人，也能在天然磁石上，在闪电中，在北极光中，或者在一块被摩擦的琥珀上，注意到电的活动。但是，在闪电中，电太强太危险；在其他情况下，电又太弱，不能正确地被认识。只有通过从普通的电机或是原电池中获得一定的电力供应，通过制造效力很大的电磁铁，电磁学才能获得发展。电的作用，如果不是全部，那也是大部分，一定会在自然界中表现出来。但是，总体来说，它们太隐蔽，不易被观察到。

然后，杰文斯以事实为依据指出，在日常经验条件下，那些固定的、整齐划一的现象只有在变化的情况下进行观察，才能够理解。

碳在燃烧中产生气态的碳酸；在高压和低温下，则冷凝为液体，甚至可能转化为雪花状的固体物质。许多其他的气体都可以通过这个方法液化或固化。因此，我们有理由相信：只要温度和压力的条件能够充分变化，所有的物质都能呈现出气体、液体和固体三种形态。相反，仅靠自然的观察，我们可能认为几乎所有的物质只有一种固定的形态，它们不能从固体转化为液体，也不能从液体转化为气体。

　　详细地阐述调查者在建立各种学科时采用的方法，分析和重申日常经验的事实，摆脱反复无常的和因循守旧的暗示，无论在形式上还是在内容上（或范围上）都能以确切的、透彻的解释，来代替那些含糊浅显的解释——要达成这些要求，不知得写多少万字。但是，这多种多样的归纳研究的方法，都着眼于同一个目标，即间接地控制暗示的作用或观念的形成；此外，在选择和安排上文所说的实验时，大体上要把这三种模式联合起来加以运用。

第十二章

系统的方法：推理和概念的控制

I. 科学概念的价值

我们已经注意到,控制观察和记忆以便选择和恰当处理可作为证据的资料,需依靠积累起来的标准化意义或概念。面对凌乱的房间,如果那个人没有相当确定的关于盗窃、恶作剧等的概念,那么对于眼前的一切,他会像小孩子一样感到疑惑不解。概念是理智的工具,运用它可以把感觉和回忆的材料集中起来,以便澄清含糊的事实,使看似混乱的事物变得有秩序,使零碎的事物变得统一。论及医生的诊断,若依靠已有的知识,那么诊断就会更加明确,也更加全面。用我们头脑中已经知道或已经掌握的知识去学习新知识,这是老生常谈。"达到理解"、"已确定的固定的意义"和"概念"是同义词。所以,控制概念的形成是必要的。

系统在概念中的基本意义

我们以前已经讲过,概念是怎样产生的。现在我们必须考虑,使概念固定地连续地发展,即使一个概念以常规顺序转向另一个概念的方法。这里阐述的重要思想是概念之间关系的基本意义,即系统的基本意义。[①]

一个概念,即使没有被纳入一个系统中或一组相关的概念内,也能很好地用于识别我们日常经历的事件。所以,一个人能够辨别出一种四条腿的动物是狗,即使"狗"的概念并不属于像动物学概念那样的概念体系。但是,动物的生态中还有其他种种问题不是普通的"狗"的概念所能解决的,这类问题就引发了一系列

---

① 参见本书第 108 页。

概念:狼类、脊椎类、哺乳类,以及有关哺乳动物和鸟类、爬虫类动物关系的知识,等等。

把概念联系起来形成一个整体的重要性,我们在描述前提和结论的相互关系时已经作了说明。(1)前提是根据、根本和基础,前提构成结论的基础,并确认和支持结论。(2)我们从前提往下推出结论,又从结论上溯到前提——正如一条河流,可以从源泉顺流而下到大海,反之亦然。因此,结论是从前提发源、流出或引出的。(3)结论——正如这个词本身所暗示的那样,它包含前提中提到的各种因素,并把它们汇总到一起。我们说前提"包含"结论,而结论又"包含"前提,就是指我们认识到包含一切的和综合的整体的意义,在这个整体中,推理中的各个因素紧密地联结在一起。

通俗的概念,正如"狗"这一普通的概念一样,是以相当明显的特征为根据的;每个人都能运用自身的感觉注意到这些特征。但是,这些通俗的概念使用的范围相当狭小;若把它们引申开来,或用来概括那些表面看来不同的情况,便有很大的风险。例如,把蝙蝠叫作"鸟",把鲸说成"鱼",类似这样的概括是不可靠的。它们不仅可能将我们引入歧途,而且与科学中所使用的那些基本的近乎平常的概括,如电子、原子、分子、质量、能量等,相差很远。而正是后面提到的这些概念,促进了发现、发明和对自然力的控制。

数量概念的价值

自然科学上的一个伟大成就,就是借助已经建立起来的数学概念的形式去观察和解释自然事件。例如,数量和测量的概念。我们从通俗概念的角度,把具有不同性质的红、绿、蓝等放在一起,可以形成颜色的概念。但是,我们运用波动速率这个概念,就可以得出关于颜色更精确、更广泛的推论。这样,我们就可以将颜色的现象与那些表面看来完全不同的事物——红外线和紫外线、放射现象、声音、电磁等联系起来。数量概念的使用,使得我们不必考虑那些可以区分事物但却妨碍推论的不同的性质。如果我们把所有事物都看成是可显示的和可测量的数量的不同,那就可以近乎无限地从一个事实导向另一个事实。

每门科学都建立自己特有的标准概念

科学的每个分支,如地质学、动物学、化学、物理学、天文学以及数学的不同分支——算术、代数、微积分等,都意在建立一套自己特有的标准化概念,作为理解各自学科领域内各种现象的钥匙。这样就为每一个特定学科分支提供了一套意义和原则。这些意义和原则紧密联结,在一定条件下,一个原则可以包含其他一些原则;在另外的条件下,这个原则又可以包含另外的某些原则,如此等等。这样,相同的意义就可能相互替代,不用凭借特殊的观察也能对所暗示的原则进行推论,从而获得具有深远意义的结果。定义、一般的公式和分类是使意义得到确定并详细阐明其后果的方法。但是,定义、一般的公式和分类等,其本身并不是目的(在小学教育中,经常有这样的看法),它们是加强理解的工具,帮助说明含糊的事物,解释疑惑的问题。此外,虽然一个概念的最初形式并不适用于某种情境,但它可能包含能够适用的意义——例如,水和汞在真空中升高,这种现象可以用重量的含义和空气有重量这一事实来加以解释。再者,最初的概念适用的范围可能相当有限,如果能够通过推理,使观念中的意义拥有比最初的观念更大的应用范围,那么,就会有事半功倍的效果。

概念游戏

对专家来说，概念的意义变成了他们专门研究的课题。他们完全不考虑这些概念的意义对于实际的存在是否具有任何现实的、甚至未来的应用价值，而是专门研究概念意义之间相互依存的逻辑关系以及含义的逻辑关系，并把这种研究看作理智上的乐趣。例如，对于学有专长的数学家来说，最令人神往的事情就是研究种种概念之间的关系，并从中发现未曾预想到的关系，把这些关系纳入一个和谐的系统中。他们认为，这种沉思乃是一种令人陶醉的美的享受。这就是所谓的概念游戏。

这种游戏形式可能会比其他任何游戏都更加吸引人。可以断定，凡是对观念的关系没有浓厚兴趣的人，都不可能成为某一科学或哲学领域的杰出的思想家。许多儿童比人们想象的更擅长概念游戏（只要所提供的观念在孩子们的理解范围内）。来自外部的强制性功课抑制了这种能力的发展，时常使之沦为白日梦和空中楼阁式的幻想。而在较欢快的情境下，它则表现为联系种种意义的兴趣与发现意外组合的愉悦。创造性工作，如写作、绘画或任何艺术，它的伟大价值之一就是促进建设性的意义游戏，即使它是无意识的，也仍是有价值的。

概念需要最后的检验

虽然没有直接的观察概念也能够发展，虽然找出概念彼此之间联结的习惯，正如观念或意义一样，对于科学的发展和高智力人才的培养是必不可少的，但概念最终的检验还是要依靠实验性的观察所获得的资料。通过精心细致的推理，能够得出一个非常丰富和貌似合理的暗示性的观念，但它仍然不能判定这个概念的正确性。只有当观察到的事实（通过收集或实验的方法），无一例外地同理论上的结论完全一致时,我们才有充分的理由承认这一合理的结论是一个对实际事物行之有效的结论。总而言之,完美的思维,必须自始至终处在具体的观察范围中。所有演绎方法最终的教育价值,要以它是否能够成为创造和发展新经验的工具作为衡量的标准。

II. 在教育上的重要应用:几种典型的弊端

前面提到的几点,若从它们对教育和学习的影响来考虑,就能够被证实。我们将要追溯前文有关事实和意义、观察和概念相关性质的论述。① 大部分有关概念、定义和概括的教育错误,都是因为错误地将事实和意义分离开来。在这种分离中,"事实"变成一堆未经消化的、机械的、大量文字性的死物,即所谓的"知识"(information);同时,观念远离客观事物和经验活动,成为空架子。由此,观念非但不能成为帮助理解的工具,反而成为不可理解的神秘物。由于某种难以解释的原因,这些观念经常出现在课堂上;除此之外,其他任何地方都不具有这种观念。

事实与意义的分离

在某些学校课程和许多课题及课文中,学生被淹没在烦琐的细节里。他们的脑袋里,装满了那些来自道听途说或权威人士灌输的没有联系的零碎的条文。即使在所谓的"实物教学"中,如果

---

① 参见本书第 100—101 页。

所观察到的只是孤立的事物，不依据事物之间的联系去解释事物的用途、事物的起因以及事物所代表的意义，那么，从中观察到的事实，也仍然是没有联系的零碎的条文。将事实和原则的描述装进儿童的记忆中，并且希望在以后的生活中通过某种魔法使大脑发现这些东西的用处，这是根本不可能的。单纯地记忆普遍性原则，和单纯地记忆特定的事实处在同一层面。因为这些普遍性原则不是用来理解实际的客观事物和事件，或是引出这些原则所包含的其他概念性意义，所以，头脑中记忆的这些原则（错误地称之为学习），也仅是任意的知识片断。

高等教育的实验教学和初等教育的实物教学一样，学生们学习的课程常常使得他们"只见树木不见森林"，只是学习零碎的、琐细的种种事实及其性质，而不涉及它们代表和象征的更为普遍的性质。在实验室里，学生们全神贯注于操作的过程，而不考虑这样操作的理由，不了解实验所提供的合适的方法，而只是为了解决典型的问题。只有演绎或推理，才能发现和突出事物间的连续关系；而且只有理解了这种"关系"，才配称作学识，否则就只是混杂的废料袋子。

未能把推论贯彻到底

另一方面，即使人们在头脑中匆忙地得出一个关于整体的模糊观念，这个观念也是由零碎事实组成的，无法意识到作为整体的各个部分是如何联结到一起的。我们说，学生们"大体上"感到历史课或地理课所讲的事实是有联系的；但是，这里的"大体上"只意味着"模糊"，学生们并不知道为什么如此，他们没有一个确切的、清楚的认识。

即使鼓励学生以个别事物为基础去形成一个普遍概念，形成一个关于事物怎样相关的概念，仍然不能使学生尽心竭力地去深思在目前的情境以及相似的情境中，这些概念具有什么意义。学生进行归纳推理，形成一种猜测；如果恰好猜对了，那么马上就会得到教师的认可；如果猜错了，就会被否定。如果观念有所扩充的话，那么多半是通过教师完成的，因为发展智力是教师的责任。但是，完善的、完整的思维活动要求提出暗示（猜想）的人进行推理，说明该暗示对于目前存在的问题有何意义，以便充分地发展这一假设，至少要说明这一暗示的适用范围以及该情境的特定资料。当背诵的方法不能简单地检验学生的能力，包括表现某种形式的机械技能或复述从权威人士那里接受的事实或原则，教师往往又走向另一个极端；在教师唤起学生自发的反思活动之后，学生们对于一件事物的猜想或观念只是简单地肯定或否定，而对于这些猜想或观念作进一步的精心思考，则被视为教师的责任。如此一来，虽然暗示和解释的功能被激发，但并未得到指导和训练。暗示虽然被激发，但没有使暗示发展到推理的阶段，而这个阶段是使暗示得到完善的必经阶段。

在其他的科目和教材中，推理的阶段是孤立的，好像它本身就是完整的。在一般的思维程序中，不论在开始还是在结尾，这种孤立的推理都可能是错误的。

从演绎开始，将使演绎孤立

从定义、规则、普遍性原则、分类等开始，是最常见的错误。这个方法受到所有教育改革者的一致抨击，不需要再详加评说。从逻辑上讲，这种方法的错误在于引导学生进行演绎思考时，没有首先让学生熟知定义和概括所需的种种个别事实。不幸的是，有时，改革者过分地强调了他们的异议，因而矫枉过正。当熟悉具体经验的方法不能恰当地发挥作用时，他们没有指出其徒劳无功和缺乏活力，而是喋喋不休地反对使用一切定义、一切分类和一切普遍性原则。况且，如果运用普遍性原则是为了引起人们的注意，而不是为了终止人们的探究，那么，开门见山地把普遍性原则放在首位，也是合适的。

概念与新观察的方向分离

将普遍的观念孤立地放在另一端上，并不能确定和检验一般推理过程应用于新的具体情境所取得的结果。种种合理的方法，其最终目的在于同化和理解个别案例。如果不能用普遍的原则掌握新的情境（所谓新的情境，是指在表现上不同于用来进行概括的那些情况的情境），那么，不论怎样充分地论证这个原则，都不可能完全理解这个原则。更不必说只是复述这个原则了。学生和教师常常满足于那些稍显草率的事例和例证，而且学生并未力求把他们已经论证过的原则进一步用于自己的经验。这样一来，原则就变成僵死无用的东西，不能应用于新的事实或观念。

没有为实验做准备

这个问题变换一种说法就是：每个完整的反思性思维的活动都需要为实验做好准备——为了检验暗示的和获得的原则，将其应用于构建具有新性质的新情境。学校自身对于科学方法普遍进步的适应是缓慢的。就科学而言，只有运用某种形式的实验的方法，才可能进行有效的、完整的思维。在高等学校、学院和中学里，人们对这条原则已有了相当的认识。但在初等教育中，大多数人仍然认为，小学生在自然范围中的观察，再加上通过灌输而接受的东西，便足以发展他们的智力。当然，我们所说的实验不一定非要使用实验室不可，更不需要精密的仪器；但是，人类的整个科学史证明，如果不提供足够的设备以进行真正改变自然条件的活动，那么，就不存在完满的思维活动的条件。至于书本、图画，甚至种种实物，都是被动地让人观察，并不能实际运用，因而不能提供实验所需的设备。

类似的错误前面已经提到。在一些"进步"的学校，连续不断的外出活动，即使是那些随意的无联系性的活动，也被看作实验。实际上，每一个真正的实验都包含一个问题，即在实验中发现某种东西；而且其行为必须以某个观念作为指导，并把这一观念当作有效的假设，这样才能使活动具有目的和宗旨。

缺少对最终成就的总结

在这些学校里还有一种趋势，即忽略了不断回顾的必要性，有意识地回顾那些已经做了的和已被发现的事情，以便系统地阐述所取得的最终结果，然后在头脑中清除所有不支持结果的材料和行为。正因为这样明显的道理，所以系统的阐述和组织工作不应出现在开始；在经验不断发展的过程中，更需要定期检查正在进行的活动，并对取得的最终成果作出概括。否则，就会养成散漫、混乱的习惯。

第十三章

经验思维与科学思维

I. 经验的含义

事实上,在我们平常的许多推论中,凡是那些没有在科学方法指导下进行的推论,在性质上都是以经验为依据的;也就是说,它们实际上是在与过去经验有某些固定的联结或相吻合的基础上形成的期望的习惯。如果两件事总是联系在一起,比如雷声和闪电,那么就思维而言,会形成这样的倾向,即闪电过后,我们总期待着雷声的到来。当这种联结频繁重复时,那种期望的倾向就变成一个确定的信念,认为这些事情紧密相连,可以肯定地推论:当一件事情发生后,另一件事情一定或几乎一定会相伴而来。

比如甲说:"明天大概要下雨。"乙问:"你怎么知道的呢?"甲回答:"因为太阳落山时天空低暗。"乙又问:"这和明天要下雨有什么关系呢?"甲回答:"我不知道,但是通常来说,日落时天空低暗,之后总要下雨。"甲不知道天空的迹象和雨的到来之间的任何客观联系,也不知道这些事实本身的任何连续性——像我们经常说的那样,他不懂得任何定律或原则。他发现两件事情经常连续发生,便把二者联系在一起;这样,当他看见其中一种现象时,就会想到另一种现象。一个暗示了另一个,或者说由一个联想到另一个。一个人可能会以为明天要下雨,因为他查看过晴雨表;但是,如果他不知道水银柱的高度(或水银柱升降刻度的位置)和大气压的变化之间的关系,不知道这些怎样相应地与降雨趋势相联系,那么,他认为可能下雨就纯粹是以经验为依据的。当人们在野外生活和靠打猎、捕鱼或放牧为生时,测定天气变化的征兆和迹象是一件非常重要的事情。大量在民间传说中广泛存在的谚语、格言就这样产生了。但是，只要人们没有理解某些活动为何与如何能够作为信号，只是简单地依据种种事实之间重复的联系来预测天气的变化，那么，其关于天气的信念就完全是经验性的。

在某些情况下，经验思维是有用的

同样，聪明的东方人根本不理解任何天体运行的规律，即没有一个关于在事物自身内存在的连续性概念，但他们能够相当精确地预测出行星、太阳和月亮的周期位置，并能预告日食、月食的时间。他们是通过反复观察种种相似情况下发生的事情，才取得那些认识的。一直到不久以前，医学的发展也大致处于这种条件之下。经验表明，"大体上"，"一般说来"，或"照通常或经常的说法"，当某种症状出现时，用某种药物治疗就会得到某种结果。我们关于人类个体的本性（心理学）和群体的本性（社会学）的大部分信念，仍然基本上是经验性的。即使是现在经常被看作典型的推理科学的几何学，起初也只是埃及人积累的关于地表近似测定方法的观察记录，是希腊人使其逐步具有了科学的形式。

经验思维有三个明显的缺点

纯粹的经验思维的种种缺点是明显的，其中有三点值得注意：（1）它具有引发错误信念的倾向；（2）它不能用于新异的情境；（3）它具有形成心理惯性和教条主义的倾向。

错误的信念。第一，尽管许多经验性结论大体上说是正确的，尽管这些结论对实际生活的确有很大的帮助，尽管那些善于预测天气的渔民和牧人的预言在限定的范围内，可能比那些完全依靠科学观察和测量的科学工作者的预报更为准确，尽管实际上经验性的观察和记录为科学知识的形成提供了素材和原料，然而，经验性的方法却不能辨别结论的正确与否。因而，它是造成大量错误信念的根源。最普遍的谬误之一，术语称之为"误认因果"（*post-hoc, ergo propter hoc*），即相信如果在甲事情之后出现了乙事情，那么，甲就是乙的因。这种方法的缺陷是经验性结论的主要根源，即使有时结论是正确的，那也几乎是出于侥幸。土豆只能在月亮上弦时下种，海边地区的人涨潮时出生而落潮时死亡，彗星是危险的预兆，摔碎镜子将有厄运降临，特制药物治愈疾病——这些以及上千个类似的见解，都是在经验的巧合和联结的基础上得出的断言。

经历的事例越多，对事例的观察越细，事物之间联系的证据，即恒常联结就越可靠。我们许多重要的信念，至今仍然只拥有这类依据。衰老和死亡，从经验来看，是所有预期中最为确定的，但至今也没有人能说出衰老和死亡确切的、必然的原因。

面对新异情境。第二，即使是最可靠的经验性信念，遇到新异情境时也将失去作用。因为这些信念是与过去的经验相符合的，如果新的经验在相当程度上离开了过去的情境和以往的先例，它们就没有用处了。经验的推论是循着习惯造成的常规惯例进行的，一旦常规惯例消失，就无路可循了。这一点相当重要，克利福德（Clifford）由此发现了普通技能和科学思维之间的不同。他说："技能使一个人能够处理他以前遇到过的相同情况，科学思维则使他能够处理他以前从未遇到过的情况。"他进一步将科学的思维活动定义为"将旧经验应用于新情况"。

心理惯性和教条主义。第三，我们尚未认识到经验性方法最有害的特点。心理惯性、懒惰、不合理的保守性，大概是经验性方法的伴生物。它对思维态度的普遍影响，比它得出的特定的错误结论更为危险。在其影响下，推论的形成主要依靠过去经验中观察到的种种事物的联结，而忽略了它与通常情况的不同之处，夸大了有利于证明过去经验的事实。因为心智自然地要求某种连续性原则，要求孤立的事实和原因之间的某种联结，为此不惜任意虚构。为了弥补缺失的环节，只好求助于幻想和神话的解释。水泵能抽出水，是因为自然界厌恶真空；鸦片使人入睡，是因为它有催眠的效力；我们能回忆过去的事，是因为我们有记忆的能力。在人类知识进步的历史中，经验论的第一阶段，从头至尾伴随着神话；到第二阶段，就出现了隐藏的"本质"和神秘的"力"。正因为这种隐藏的和神秘的性质，这些原因摆脱了观察，从而使它们的说明性价值既不能被进一步的观察或经验确证，也不能被其反驳。因而，这种种信念就变成了纯粹的传说。它们产生了某种信念，经过反复灌输和代代传承，变成了教条；实际上抑制了后来的探究和反思性思维。①

　　某些人成为这些教条公认的保护人和传播者——教育者。怀疑这些信念就是怀疑这些人的权威；承认这些信念，就表明对政权的忠诚，这是良好公民的证明。被动、温顺、顺从成为主要的理智的美德。对于出现的种种新异的和多样的事实及事件，或者视而不见，或者强加修剪，使其与习惯的信念一致；一味引证古老的定律或一大堆混杂的、未经仔细审查的事实，而把探索和怀疑置之脑后。这种思维态度导致不愿变化，厌恶新奇，对于进步是十分有害的。凡与既定准则不合的，都是异端邪说；凡是有新发现的人，都是怀疑甚至是迫害的对象。信念起初可能是相当广泛

---

① 参见本书第26—27页。

和细致的观察的产物；一旦成为固定的传说和半神圣的信条，它就僵化了，被当作权威简单地接受下来，并与权威人士所偶然信奉的幻想式概念混合在一起。

II. 科学的方法

科学的方法采用分析

与经验性方法正好相反，科学的方法是找出一种综合的事实来代替孤立事实间的反复结合或联结。为了达到这一目的，必须把观察到的粗糙的或凭肉眼即能看到的事实分解成大量的、不能直接感觉到的、更为精细的过程。

如果问一个外行人：为什么一个普通的水泵开动起来，能将水塘里的水抽到高处？他会毫不迟疑地回答："因为水泵有吸力。"吸力被看作是像热力和压力一样的一种力。假如这个人知道了水在水泵的吸力下只能上升大约 33 英尺的事实，就能很容易地解决这个难题。他所依据的原理是：各种力的强度不同，最终有个极限；到了这个极限，它们就不起作用了。海拔高度不同，水泵吸水所能达到的高度也随之变化。对于这种现象，普通的人通常注意不到，即使注意到了，也错误地认为其是自然界中多种多样的奇妙的异常现象之一。

科学工作者的认识则前进了一步，认为观察到的事物表面看起来是一个单独的物体，实际上是综合的。所以，他试图把"水在管中上升"这一单独的事实分解成许多较小的事实，即变成资料。[1] 他的方法是尽可能地逐个变换条件，注意当每一个条件被排除时，恰好会发生什么情况。这样，过分粗糙而且范围太广、从整体上不能解释的事实，就被分解成一系列细小的事实。因为每个细小的事实都显示了一个因果联系，所以，它们都能被理解。

变换条件的两种方法

变换条件有两种方法。[2] 第一种方法是经验性的观察方法的发展，它包括针对在不同条件下偶然进行的大量的观察，仔细比较其结果。这样，海拔高度不同，水上升的高度也不同；即使在和海面等高的地方，水上升的高度也不超过 33 英尺，这些事实就能得到重视而不会被忽略。其目的是发现在什么特殊条件下，会产生这个结果；以及排除什么条件，不会产生这个结果。这样一来，这些特殊的条件就代替了粗糙的事实。一些更确定更精确的资料就为理解这件事提供了线索。

然而，这种对事实进行比较分析的方法有严重的缺陷。只有在相当多的多样化事实偶然呈现时，才能使用分析的方法。而且，即使这些事实呈现出来，它们的变换对于理解所讨论的问题是否有重要意义，仍然是一个疑问。这种方法是被动的，依靠的是外界的偶然事件。因此，主动的或实验的方法的优越性就显现出来了。即使少量的观察也能暗示一种解释——一个假设或理论。依据这个暗示，科学工作者就能有意识地变换条件，并且观

---

[1] 参见本书第 100—101 页。
[2] 出于目前讨论的目的，以下两段话重复了我们在不同文本中已经提出的内容。参见本书第 167 页。

察发生了什么情况。如果经验性的观察能够暗示他，水面上的气压和水在缺少气压的管子中上升之间可能有联系，那么，他就可以有意识地将装水的容器中的空气抽掉，并注意到"吸力"不再起作用，或者有意识地增加水面上的气压，看有什么结果。他进行实验以计算海平面以及海平面以上各种高度的空气重量，然后推论在单位面积的水面上产生的压力，并把推论结果和实际观察所得到的结果两相比较。根据某种思想或理论变换条件而进行观察，这就是实验。实验是科学推论的主要来源，因为它最便于从粗糙、含混的整体中挑出重要的因素。

实验包括分析和综合

实验的思维，或者科学的推论，就是一种分析和综合相结合的过程；用简单的术语来说，是区分和鉴别的过程。当吸力阀门启动时，水就上升。把这个事实分解或区分为一些独立的可变的因素，其中一些在以前从未观察到，甚至从未想到与这个事实有关。其中，大气的重量这一事实被选择出来作为理解整个现象的关键。这种分解就是分析。但是，大气和它的压力或重量这个事实不只限于这一个事例。它是一个大家都知道的事实，至少在大量其他的事情中可以发现大气压力的作用。选定这个感觉不到的、细微的事实作为水泵抽水高度的实质或关键，水泵这个事实就与以前孤立存在的种种普通的事实联系起来，并形成了整体。这种同化就是综合。而且，大气压力这个事实本身就是所有事实中最普通的一种——重力或万有引力。凡是适用于普通重力事实的结论，都可移用于思考以及解释水的吸力这个相对罕见的特殊事例。这种吸力水泵被看成是和虹吸管、晴雨计、气球的上升和其他初看起来根本没有什么联系的事情相类的事例。这是思维的综合功能的又一事例。

如果我们回过头来考察科学思维相较于经验思维的优点,就可以发现如下几点。

减少了错误倾向。由于用大气压力这个详细而具体的事实替代了吸力这个整体的和相对混乱的事实,因而提高了可靠性,增加了确定或论证的因素。后者是复杂的,其复杂是因为有许多未知的和未说明的因素;所以,任何有关它的描述都或多或少带有偶然性,而且很可能由于某一未曾预见的条件变化而被推翻。相比较而言,大气压力这个细微的事实,至少是可测量和可确定的事实——能够挑选出来且有把握加以控制。

应付新情况的能力。正如分析增加了推论的确实性,综合显示了妥善应付新异情况的能力。重力是比大气压力更为普通的事实,而大气压力又是比水泵吸力作用更为普通的事实。能够用普遍的和经常发生的事实替代那些比较罕见的和特殊的事实,就是把看似新异和特殊的事实还原为一种普通的和熟悉的原则,使新奇和异常的情境处于解释和预测的控制之下。

正如詹姆斯教授所说:

> 把热看作运动,那么凡是适用于运动的原则,都适用于热;但是,每当我们有一次热的经验时,可以有一百次运动的经验。把光线穿过透镜看成是光线折射于垂直面的事例,你就可以用日常所见的无数个例子的非常熟悉的概念,即光线方向特殊变化的概念来代替比较不熟悉的透镜。①

---

① 詹姆斯:《心理学原理》,第 2 卷,第 342 页。

对于未来的兴趣。从信赖过去、常规和习惯的保守态度,转变为相信通过对现有条件进行理智控制所取得的进步,这当然是实验的科学方法引起的反应。经验的方法不可避免地夸大过去的影响,实验的方法则寄希望于未来的种种可能性。经验的方法说:"在没有充分数量的事例时要等待。"实验的方法说:"制造事例。"前者依靠自然界偶然呈现给我们的某种情境的联系,后者则有意识、有目的地努力使这种联系显示出来。通过这种方法,进步的概念便获得了科学的保证。

科学思维不受直接的、强烈的因素影响

日常经验在很大程度上受到各种偶发事件的直接力量和强度的控制。凡是明亮的、突然的和高亢的事物,都能引起人们的注意,并得到显著的评价。凡是暗淡的、微弱的和连续发生的事物,则被人们忽视,或被认为是无关紧要的。习惯性的经验倾向于用直接的和即时的力量来控制思维,而不考虑那些从长远来看具有重要性的因素。总的说来,没有预测和计划能力的动物,对非常紧急的刺激必须马上作出反应,否则将无法生存。当思维能力发展了,这些刺激并没有失去它们的紧迫性和强烈性;但是,思维要求这种直接即时的刺激服从于长远的要求。微弱、细小的事物可能比显眼、庞大的事物更加重要。后者可能象征着事物本身的力量已经耗尽;前者可能表明一个过程的开始,这个过程包含着特定事物的全部发展趋势。科学思维首先需要的是思维者从感官刺激和习惯的束缚中解放出来,这种解放也是进步的必要的条件。

请思考以下引文:

当人们最初想到流动的水和人力或畜力具有一样的性

质,也就是说,它具有克服惯性和阻力,推动其他物体运动的能力——当人们一看到溪流,便暗示了它与动物的力具有共同点——那么就增加了一种新的原动力;而且当情况允许时,这种力还能够替代其他的力。现在看来,转动的水轮和漂流的木筏具有共同点似乎是可以理解的,这对现代人而言非常明显。但是,如果我们使自己返回早期的思想状态,当流动的水以它的光彩、它的怒吼以及无规律的破坏影响心智时,我们很容易就能猜想到,人们绝不会明显地将它和动物强壮的力看成一回事。①

抽象的价值

如果我们在这些明显的感觉特征上,附加各种使个人态度固定化的社会习惯和期望,那么,经验的思维——即过去的、或多或少未加控制的经验,压制自由的和丰富的暗示的弊病就变得显而易见了。

即使在普通的思维中,抽象也是一个不可或缺的因素。在一切分析中,都有抽象的作用。在一切观察中,都有抽象的作用。这种观察是从一大片含糊不清的东西中,把事物独特的性质分离出来。但是,科学抽象的作用,在于把握感官不能发现的关系。上文援引的贝恩的话,透彻地说明了抽象的特点。有些人抛开流水强烈和明显的特点,从而把握住一种关系,这就是水的推动力。

抽象的概念有时具有超前的性质,忽略了这个性质,抽象的

---

① 贝恩(Bain):《感觉与理智》(*The Senses and Intellect*),美国第三版,1879年,第492页(楷体是后加上的)。

概念在理智上就没有价值了。人们认为，抽象的作用只是把注意力放到那些已知事物的某些性质上，而排斥其他的特点和性质。但是，在某些情况下，这个行动具有实际应用价值，而抽象的逻辑价值则在于抓住以前根本没有理解的某些性质或某种联系，并且把它们揭示出来。从形态上，把鸟的翅膀看作和其他动物的前臂或前肢相同的东西；把豌豆和蚕豆的豆荚看作叶和茎的变形，这都是抽象活动。抽象是把思想从那些明显熟悉的性质（这些性质因过分熟悉而固定化）中解放出来。所以，抽象需要具有从已知中探寻某些未知的性质或联系的能力，这在理智上具有非常重要的意义，因为只有这样，才能进行更深入的分析和更广泛的推论。

"经验"的意义

经验这个词可以用经验的或实验的思维态度来进行解释。经验不是一种呆板的、封闭的东西；它是充满活力、不断发展的。当经验局限于往事，受习惯和常规支配时，它常常成为理性和思考的反面。但是，经验也包括反思性思维，它使我们摆脱感觉、欲望和传统等局限性的影响。经验也吸收和融汇最精确、最透彻的思维所发现的一切。实际上，教育的定义应该是经验的解放和扩充。儿童时期是一个人接受教育的最佳时期，因为此时人的可塑性比较强，还没有受孤立的经验影响而变得僵化，以致不能对思维习惯中的经验作出反应。儿童的态度是天真的、好奇的、实验的，社会和自然界对儿童来说都是新奇的。正确的教育方法是保持和完善这种态度，使个体找到了解整个民族缓慢发展进程的捷径，消除那些由于呆板的常规和依靠过去的惰性带来的浪费。抽象思维就是在经验中用新眼光看待熟悉的事物，进行想象，开拓新的经验的视野。实验则沿着这条路子，展示和证明其永恒的价值。

Schools of To-Morrow

School and Society

Human
Nature
and
Conduct

Democracy
and
Education

Reconstruction
in Philosophy

Psychology

The Quest
for Certainty

The Public and its Problems

Art as
Experience

Ethics

How
We Think

Experience
and Nature

第三部分

思维的训练

第十四章

活动与思维训练

在这一章,我们将把前文提到的关于行为到思维关系的考虑汇集起来并加以扩充。我们将大致按照人类成长的发展次序来阐述。

I. 早期活动阶段

"婴儿在想什么?"

看到一个婴儿,常常会产生这样一个问题:"你认为他在想什么?"这个问题实质上是无法详细回答的;但是,我们可以确知婴儿的主要兴趣。他首要的问题是控制自己的身体,以便舒适而有效地适应周围的环境,包括自然环境和社会环境。几乎每一件事情,婴儿都必须学着做:看、听、够、抓、平衡身体、爬、走,等等。即使人类确实能够比低级动物作出更多本能的反应,但人类本能的倾向并不像动物那么完善;而且,大部分倾向在理智地结合起来并得到指导之前,几乎没有什么用。一只刚刚出壳的雏鸡,试了几次,就会用嘴啄食,而且今后一直如此。这涉及复杂的脑与眼配合。一个婴儿直到几个月大才开始明确地去抓他的眼睛所看见的东西;而且甚至仍然需要几个星期的练习,他才能学会调整自己,以便既不会够过头,也不会够不着。小孩要抓月亮,这确实是不可能的;但他的确需要许多练习,才能分辨一个物体是不是在伸手可及的范围之内。对眼睛受到的刺激作出反应,本能地把胳臂伸出去,这种倾向是准确而迅速地伸和抓的能力的起源;尽管如此,最终的控制仍然需要观察和选择有效的动作,并且基于一个目的进行安排。这些有意识地选择和安排的活动构成了思维活动,尽管是一种初步的思维活动。

控制身体是一个理智问题

由于控制身体各器官对于儿童所有后来的发展都相当必要,这样的问题就是有意思的和重要的;而且,解决它们为培养思维能力提供了真正的训练。儿童很喜欢学习使用自己的四肢,学习把他看到的东西转变为他拿到的东西,把听到的声音与看到的东西联系起来,以及把看到的东西与尝到的和触碰到的东西结合起来;还有,儿童的智力在出生后一年到一年半中(在此期间,更为根本的使用各器官的问题得到掌握)增长的速度惊人。这充分证明,身体控制的发展不是身体的成就,而是理智的成就。

社会适应很快变得重要

尽管在最初几个月中,婴儿主要忙于学习用自己的身体舒适地适应客观条件,学习熟练而有效地使用东西,但社会适应也是十分重要的。婴儿在与父母、保姆、兄弟和姐妹的联系中,学会了满足欲望,消除不安,接近惬意的光线、颜色、声音,等等。他与自然事物的接触是由人调整的,不久他就能区别出最重要的人和与自身有关的最有意思的事物。

然而,言语,即听到的声音与唇舌运动的准确配合,是社会适应的极好工具;由于言语的发展(通常在第二年),婴儿活动的适应和与其他人相处的适应,构成了他的心智生活的基调。随着婴儿观察别人做事,试图理解和完成别人鼓励他去尝试的事情,他可能的活动范围无限扩大了。儿童心智生活的大致模式就这样在人生最初的四五年中形成了。几年、几百年、几代人的发明和规划,可能都是儿童周围的那些成年人的行为和职业的发展。然而对于儿童来说，成年人的活动是直接的刺激，是儿童的自然环境的一部分；它们是吸引儿童的眼睛、耳朵和触觉，引起活动的物质条件。当然，儿童不能通过自己的感觉，直接掌握这些活动的意义；但是，这些活动提供了刺激，儿童要对这些刺激作出反应，其注意力就会集中在更高层次的材料和更重要的问题上。如果不是这样一个过程，即一代人的成就形成指导下一代人活动的刺激，人类文明的历史就不能久传，每一代人就不得不艰苦寻求摆脱愚昧状态的出路，如果他们能够做到的话。在学习理解和制造语词的过程中，儿童学会的远比语词本身要多得多。儿童获得了一种为他们自己打开一个新世界的习惯。

模仿的作用

模仿是有且仅有的一种方式。[①] 由于模仿，成年人的活动提供了特别有趣、极为多样、非常复杂和十分新颖的刺激，从而带来思维的迅速进步。然而，单纯的模仿不会产生思维活动；如果只是像鹦鹉学舌那样简单地模仿别人的外在行为，那么，我们永远也无法进行思维；我们也不可能知道，我们掌握模仿行为之后所做的事情是什么意思。教育家（和心理学家）常常认为，复制别人行为的活动仅仅是模仿所需要的。但是，儿童很少通过有意识的模仿来学习，即儿童的模仿是无意识的，也就是说，从儿童的观点来看，其行为根本就不是模仿。别人的话语、手势、行为、职业，符合某种已经是能动的冲动，使人联想到某种令人满意的表达方式、某种可以得到满足的目的。由于有了这种目的，儿童就像注意自然事件一样注意别人，以便获得实现这一目的的手段的进一

---

① 参见本书第 56—57 页。

步暗示。他选择对观察到的一些手段进行试用,看它们是成功还是不成功,在信念中估量它们的价值是增强还是削弱;然后,他继续选择、安排、适应、检验,直到他能够实现自己的愿望为止。旁观者可能观察到这种行为与成年人的某种行为相似,于是得出结论说是通过模仿获得的;而事实上,这是通过注意、观察、选择、实验和由结果证实而获得的。这种方法的运用,催生了智力的训练和教育的结果。成年人的活动在儿童的智力成长中起着巨大的作用,因为它们在世界的自然刺激的基础上增加了新的刺激。这些新刺激更准确地适合人类的需要;它们更丰富,更有组织,排列更复杂,允许更灵活的适应,唤起更奇异的反应。但是,在利用这些刺激时,儿童遵循的方法依然是他在为控制自己的身体而被迫进行思维时所使用的方法。

II. 游戏、工作和两者结合的活动形式

游戏和爱玩的重要意义

当事物变成符号,当它们获得一种代表其他事物的表象能力时,游戏就从单纯的身体活动转变为一种含有心智因素的活动。一个小女孩把自己的布娃娃弄坏了,可她用这个布娃娃的腿照样进行她习惯于用整个布娃娃进行的活动:洗澡、睡觉和爱抚。这时,部分代表了整体。她不是对感官出现的刺激作出反应,而是对感官对象所暗示的意义作出反应。儿童就是这样用石头当桌子,用树叶当盘子,用橡子当杯子。他们也这样使用他们的布娃

娃、火车、积木和其他玩具。在摆弄这些东西时,他们不仅和这些有形的东西在一起,而且处在一个由这些东西所构建的广大的意义世界里,既有自然的意义,也有社会的意义。因此,当儿童玩骑马、开商店、盖房子或串门游戏时,他们使有形的东西服从于理念上表示的东西。由此,意义的世界、大量的概念(所有智力成就中极其根本的)就这样被确定和建立起来。

此外,各种意义不仅成为儿童熟识的东西,而且被分门别类地加以组织和安排,以至于紧密地联系成一体。游戏和故事不知不觉地相互融合。儿童最富有想象力的游戏大多与各种意义的相互适合和关联相联系;即使是"最自由的"游戏,也遵守某些协调一致的原则,有开头、中间和结尾。在玩耍中,秩序规则贯穿于各种细小的行为中,把它们联结成一个有联系的整体。大多数游戏和玩耍都涉及节奏、竞争和合作,这就需要加以组织。因此,首先由柏拉图,后来由福禄培尔(Froebel)发现的那一事实——对于儿童来说,游戏是幼儿晚期阶段主要的、几乎是唯一的教育方式——并不是什么神秘的或不可思议的东西。

爱玩(*playfulness*)比游戏更为重要。爱玩是一种心智态度,游戏是这种态度的外在表现。当事物仅仅被当作传达联想的工具时,联想的东西就比事物本身更重要。因此,爱玩的态度是一种自由的态度。有了这种态度,人们就不受事物的物质特性的束缚,也不在乎一个事物是否确实"意味着"它被拿来代表的东西。当儿童用一把扫帚玩骑马、用椅子玩开汽车时,事实上,这把扫帚并非确实代表一匹马,这把椅子也并非确实代表车头,可这并不重要。因此,为了使爱玩最终不成为任意的空想,建构与现实事物的世界并列的想象世界,必须把爱玩的态度逐渐转化成工作的态度。

工作的重要意义

什么是工作(不是作为纯外在表现的工作,而是作为心智态度的工作)?在自然成长的过程中,儿童逐渐发现,不负责任的、假装的游戏是不适宜的。因为虚构故事过于简单,不足以令人满意,也不够刺激,不足以唤起令人满意的心智反应。如果考虑到这一点,他就必然会在某种程度上把由事物所联想到的种种观念应用于事物。一辆与"真实的"马车相似的,有"真实的"车轮、车辕和车身的小马车,比以手边的任何东西当作一辆马车更能满足其心理的要求。偶尔参加在"真实的"桌子上摆放"真实的"盘子的游戏,比总是把平石板当作桌子、把树叶当作盘子有更多的报偿。这一时期,兴趣也许依然集中于意义;事物也许只是由于提供了一定的意义才变得重要。到目前为止,态度仍是一种游戏的态度。但是,意义具有了新的特征,即它必须在现实事物中得到体现。

字典不会将这类活动归为工作。然而,这类活动代表了从游戏转变为工作的一个阶段。因为工作(作为一种心智态度而非一种纯外在表现)意味着对通过使用适当的材料和器具并以客观的方式适宜地体现一种意义(联想、目的、目标)感兴趣。这样的态度,利用在自由的游戏中激发和建立起来的意义,并使意义符合事物本身可观察的结构,以控制其发展。

"工作"一词并不是非常令人满意。因为它常常被用来指常规性的活动,这种活动伴随着有用的结果,但很少考虑选择手段,有意调整以得到想要的效果。我们从外部看待工作,工作就只是做必须要做的事情。但我们也可以从内部来看工作;尤其是当我们考虑到它与教育的关系时，我们一定要从内部来看它。因此，工作就意味着由目的指导的活动，即思想把它设定为人们必须完成的事情；工作还意味着在选择恰当手段和制订计划时的心灵手巧、独具匠心，因而最后也意味着实际结果会验证我们的预期和观念。

像成人一样，孩子会随他人的指示去完成或实现某事，根据口头或书面的教导机械地或墨守成规地工作。这样根本不会产生思想；他的活动根本不是反思性的。但我们前面已经提到，手段—结果的关系是所有意义的核心。因而，理智活动意义上的"工作"才是具有教育意义的，因为它在不断地确立意义，同时又通过实践运用不断验证意义。然而，成年人无法根据他所熟悉的成年人标准，像对产品的价值判断那样，对年轻人的这种活动的价值作出判断；如果他这样做了，这个活动在他看来就会是毫无意义的。他的判断一定着眼于年轻人所体现出的计划性、创新性、独创力和观察力等，总是以为自己心目中那个古老的故事会唤起孩子的激情和思想。

游戏和工作的真正区别

我们可以通过与更常见的阐述差异的方式进行比较，来说明游戏和工作的区别。据说在游戏活动中，兴趣在于为游戏而游戏；在工作中，兴趣在于活动结束时的产物或结果。因此，前者是纯粹自由的，而后者则受到目的的制约。像这样鲜明地阐述出差异，几乎总是错误地、不自然地割裂了过程和结果、活动和活动获得的成果。真正的区别并不在于对活动本身感兴趣，还是对这种活动的外在结果感兴趣，而在于对一种不时产生的活动感兴趣，还是对一种趋于达到终点或结果，因而具有一条把其相继阶段联系在一起的线索和活动感兴趣。二者可能同样典型地表明"为了活动"而对活动感兴趣；但是，在一种情况下，含有兴趣的活动或多或少是有原因的，或者因为环境中的偶然事件和一时的怪念头，或者因为别人偶然的命令；在另一种情况下，活动会由于导致某种结果或相当于某种东西的意义而丰富起来。

如果不是因为游戏和工作态度关系的错误理论与不恰当的学校实践方式结合在一起，那么坚持一种更正确的观点就会变成看似不必要的改进。但是，幼儿园和小学之间常常表现出鲜明的脱节，这证明理论的区分具有实践的意义。在"游戏"的名义下，幼儿园的作业变得过分具有象征性、充满幻想、感情化和随心所欲；而在与之相对的"工作"的名义下，小学的作业包含了许多从外部指定的任务。前者没有目的；后者却有目的，这种目的十分遥远，只有教育者才能意识到它是一个目的，而儿童对此一无所知。

到了一定的时期，儿童必须扩大他们对现有事物的了解，并且更准确地了解事物；必须充分明确地设想目的和结果，并用它们来指导自己的行为；必须获得某种技术性的技能，以便选择和安排实现目的的方法。除非在早期游戏阶段逐渐引入这些因素，否则，到后来突然而又任意地引入它们，这对早期和晚期的发展都是不利的。

想象与功利的相关错误看法

游戏和工作的尖锐对立，一般与功利和想象的错误看法相联系。一些活动集中在涉及自家和邻里利益的事物上，因而被贬低为纯功利的，备受轻视。让儿童洗盘子，摆放桌子，做饭，给布娃娃做衣服，做用来装"真东西"的盒子，用锤子和钉子制作自己的玩具。（据说）这些行为排斥了审美和欣赏因素，消除了想象，并且使儿童的发展限于实物和实际的考虑；而（据说）让儿童象征性地模仿鸟和其他动物，表演人类父母和孩子的家庭关系，扮演工人和商人以及骑士、士兵和地方官员，则能够保证人的心智的自由训练，这种训练既有巨大的理性价值又有巨大的道德价值。人们甚至一度以为，儿童在幼儿园里播种并照料生长的植物，是超身体限度的和功利的；然而，如果儿童不用物质材料，或者说用象征性的替代物戏剧地模仿种植、耕作、收获等活动，那么，就是在培养他们的想象力和精神欣赏力。人们严格地排除玩具娃娃、玩具火车或汽车、玩具船和发动机，而推荐立方体、球体和其他代表社会活动的象征物。人们以为，表示其想象目的的物质对象越不合适，譬如用一个立方体表示一条船，就越有利于激发想象。

这种思维方法存在以下几种谬误。

首先，合理的想象不涉及不真实的东西，而是与联想之物的心灵实现有关。合理地运用想象，不是在纯幻想和理想的境界中天马行空，而是一种扩展和丰富实在之物的方法。对儿童来说，围绕他进行的家庭活动，不是完成物质目的的功利手段；这些活动呈现出一个他还未探测到其深度的奇妙世界，一个充满了伴随他崇拜的那些成年人的所作所为而出现的神秘和希望的世界。无论这个世界对于那些视日常事务为己任的成年人来说是多么无聊，它对于儿童来说都充满了社会的意义。参与这些活动，就是运用想象来建立比任何儿童所掌握的经验都具有更广泛价值的经验。

其次，教育家们有时认为，当儿童的反应客观存在且令人感动时，他们正在接触一种伟大的道德真理或精神真理。儿童有出色的戏剧模仿才能,当处于短暂的兴奋状态时,他们的举止(在带有哲理的成年人看来)好像表明他们受过某种关于骑士气概、献身精神或高贵品质的教育。要用符号表示远远超出儿童实际经验范围的伟大的真理,是不可能的;而试图这样做的话,就会导致儿童喜欢短暂的刺激。

第三,正如在教育中反对游戏的那些人总是把游戏看作单纯的娱乐一样,反对直接和有益的活动的那些人,把职业与劳动混为一谈。成年人知道重要的经济成果依赖于负责任的劳动,因而他们寻求调剂、放松和娱乐。除非儿童过早地当雇工,除非他们因当雇工而受到摧残,否则,对他们来说就不存在这样的划分。无论他们喜欢什么东西,其原因都只在于那件东西本身。这样,为功利做事情和为娱乐做事情之间,就没有什么差别了。他们的生活也就比较和睦,比较有生气。认为成年人只是迫于功利才习惯做出的活动,儿童不可能完全自由、高兴地去做,这种认识是缺乏想象的。决定什么是功利的,什么是不受约束的和有创造性的,不是所做的事情,而是做事情的心态。

III. 建设性的职业

科学产生于职业(occupations)

文化史表明,人类的科学知识和技术能力是从基本的生活问题发展起来的,尤其是在早期阶段。解剖学和生理学是从保持身体健康和活力的实际需要产生的;几何学和力学是从测量土地、建造房屋和制造节省劳力的机械的需要产生的；天文学一直是与航海、记录时间的推移密切地联系在一起的；植物学是从医学和农学的需要产生的；化学一直是与印染业、冶金业和其他工业结合在一起的。反过来，现代工业几乎完全是应用科学的问题；由于把科学发现转化为工业发明，常规工序和粗糙经验主义领域年复一年变得越来越窄。有轨电车、电话、电灯、蒸汽机，以及它们给社会交往和社会控制带来的所有革命性后果，都是科学的成果。

学校的职业提供了理智发展的可能性

这些事实充满教育意义。大多数儿童生性极为好动。学校（主要出于功利原因，而不是出于严格的教育原因）举办了许多活动。这些活动一般是在手工课的名目下组织起来的，包括学校园艺、远足和各种书画刻印艺术。目前最迫切的教育问题，也许是将这些科目组织和联系起来，使它们成为养成机敏、持久和有效的理智习惯的工具。它们抓住儿童更为天生、更为基本的特征（诉诸儿童愿意动手的欲望），这一点得到普遍承认；它们提供许多自主的和有效率的社会服务的训练机会，这一点正在得到承认。但是，它们也可能被用来提出一些典型问题，这些问题要通过人的反思和实验，通过获得导向以后更专门化科学知识的大量明确的知识来解决。确实不存在仅凭身体活动或熟练操作就能保证理智结果的魔法。① 可以通过机械练习，通过口述，或者通过像书本科目一样容易的规范来教手工科目。但是，也可以对园艺、烹饪、编织或初级木工和铸铁工作作出明智而连续的规划，其

---

① 参见本书第50—51页。

必然的结果是使学生不仅积累植物学、动物学、化学、物理和其他科学方面具有实践性和科学重要性的知识，而且（更有意义的是）变得精通实验探究和证明的方法。

人们普遍抱怨基础课程负担过重。反对退回过去教育传统的唯一选择，就是挖掘各种艺术、手艺和职业中隐藏的理智可能性，并且相应地组织课程。正是在这里，而不是在别的地方，存在着一些方法；依据这些方法，人们可以把盲目和常规的种族经验转变为给人以启发和开发人心智的经验。

使"计划"具有教育意义所必须满足的条件

近些年来，建设性的职业在课堂上以其自身的方式不断增长。它们通常是以"计划"的身份出现的。为了使其具有真正的教育意义，它们必须满足一些条件。

第一个条件——兴趣，通常能够得到满足。只有当活动是出自热情和愿望的时候，只有当它能够为个人本身提供具有意义的能量出路的时候，个人的心灵才不会对它产生厌倦；虽然从外部看来，个人会保持对它的兴趣。然而，仅有兴趣是不够的。在有兴趣的情况下，重要的事情还在于支持它的是什么对象和行动：它是转瞬即逝的，还是长期持久的？这个兴趣是一种兴奋，还是一种涉及的思想？

因而需要满足的第二个条件是：这个活动从本质上来说是值得的。我们在其他方面已经讨论过，这个说法并不意味着，活动的结果从成年人的角度看是外在有用的东西。但它的确意味着，仅仅是平凡无奇的活动，也就是那些参与其中除了一时之快别无所获的活动，应当被排除在外。要发现那些能够使人感到快乐的计划并不困难，它们同时代表着生活中本身有价值的东西。

第三个条件(实际上只是前面一点的扩展)是:在其发展过程中的计划出现了问题,这些问题唤起了新的好奇,产生了对信息的需求。无论我们对它可能的情况持多少赞同的意见,只要这个活动中没有具有教育意义的东西,它就不能使心灵进入新的领域。只有心灵能够提出之前没有提出的问题,只有这些问题的出现能够带来需要通过观察、阅读、咨询等特殊领域的专家获得的对额外信息的渴求,它才能够进入新的领域。

最后,作为第四个条件,这个计划必须包括为恰当实施而占用的相当多的时间。这个计划以及所要得到的对象必须能够发展,由一个自然地导致另一个。只有这样,我们才能进入新的领域。成年人的能力就在于向前看并考虑某个阶段的成就是否会暗示其他有望完成的事情。一个职业是有连续性的。它不是毫无关系的行为的连续,而是一种连续有序的活动,其中的每个步骤都为下一个步骤提供需要,而且会补充并以累计的方式推进已经完成的工作。

第十五章　从具体到抽象

I. 什么是具体？

"从具体到抽象"这句告诫教师的格言，大家都非常熟悉，但并不完全理解它的含义。读过或听过这句话后，很少有人能对具体的起点产生清晰的概念；对于抽象是终点的本质，认识得也不够清楚；对于从具体过渡到抽象的进程的准确本质，也很少有清楚的理解。有时，这一训诫会被人们断然地误解，认为它的含义是教育应当从具体事物上升到抽象思维；似乎即使是不涉及思维的对事物的处理，也能具有教育的意义。按照这样的理解，这一格言就助长了机械的常规和感官的刺激，就会在教育的天平上把机械常规和感官刺激放在较低的一端，而把学术性和非实用性的学习放在较高的一端。

实际上，所有对事物的处理都渗透着推理，即便儿童对事物的处理也是如此。事物引起暗示，这种暗示又用来表现这种事物。它们可以使疑难问题得到解释，也可以使一种信念具有证实的凭据，因而具有重要的意义。只教授事物而没有思维，只有感官知觉而没有与之相关的判断，这是最不符合自然本性的。如果我们所从事的抽象意味着思维与事物相分离，那么，它的目的不仅徒具形式，而且是空虚的。因为，有效的思维，或多或少，总是与事物直接联系着的。

直接意义和间接意义的关系

然而，经过理解和增补，该格言的意义表明了逻辑发展的方向。这一格言的意义是什么呢？所谓"具体"，意味着一种意义与别的意义显然不同，因而其本身是很容易理解的。当听到桌子、椅子、火炉、冬衣的时候,我们无须思索就能掌握它们的含义。①
既然这些词能直接表达其意义,也就不需要再下功夫去转换它们
的含义了。但是,对于某些词和事物,我们只能首先想起比较熟
悉的事物,然后探究一下我们较熟悉的事物和我们不明白的事物
之间的关系,才能够掌握其意义。粗略地说,前一类意义是具体
的,后一类意义是抽象的。

有赖于个人智力的状况

精通物理和化学的人认为,原子和分子的概念是相当具体
的。他们经常使用这些概念,不用任何思维活动,就能了解其意
义。但是,对外行人和科学的初学者来说,首先要记起那些已经
熟悉的事物,然后经过一个慢慢解释的过程,才能开始有所了解。
而且,从熟悉的事物转化到不熟悉的事物的线索一旦在头脑中消
失,那么,原子和分子这些名词的意义尽管是辛辛苦苦得来的,仍
然很容易失去。任何专业术语都能表明这一区别:代数中的系数
和指数、几何学中的三角形和正方形,与其通俗意义就有明显的
不同;政治经济学中的资本和价值等名词,也是如此。

上述差异与个人的智力发展是完全相关的。在某个成长阶
段看来是抽象的东西,在另一个阶段却成为具体的。或者,甚至
相反,人们会发现,那些被认为是完全熟悉的事物,有时也含有新
奇的因素和尚未解决的问题。然而,确定哪一件事在熟知的范围
之内,哪一件事在熟知的范围以外,总还有一个大概的界限。因
此,可以在相当长的时期内,利用这一界限把具体和抽象划分开
来。这种界限,主要是由实际生活的需要来确定的。像木棒和石

---

① 参见本书第 144 页。

块、肉和马铃薯、房子和树木等事物，是我们为了生活所必须考虑到的、环境中长久存在的事物。因此，我们很快就能认识到它们的重要意义，并使其意义与对象形成稳固的联系。我们经常与某事物接触，它使我们感到奇异和疑难的地方都消失了；这时，我们就熟悉了这一事物（或者说，它对我们来说是熟悉的）。出于社交的需要，成人对于税收、选举、工资、法律等名词，也形成了同样的具体的观念。例如，对于厨师、木匠或织工所用的工具的意义，我个人虽然不能直接领会，然而它们却都毫无疑问地归属于具体的这一类之中。因为这些用具和我们的日常社会生活是直接联系着的。

思维作为手段和思维作为目的之间的关系

相对而言，抽象是理论性的，它与实际事物没有密切的关联。抽象的思想家（有时称为"纯粹科学家"）离开实际生活，专心致志地进行抽象思维；也就是说，他经常不顾及实际用途。然而，这只是一种消极的说法。排除了抽象与用途及应用的关系后，究竟还留下些什么呢？显然，就只能把求知本身看作一种目的。科学上的许多观点都是抽象的，这不仅仅因为科学上若没有一个较长的训练期，就不能理解这些观点（艺术中的技术问题，同样如此），而且也因为其意义的全部内容适用于促进更精深的知识、探究和沉思这一唯一的目的。所以，当思维被用来作为一种手段，去达到超乎它本身的某些美好的或有价值的目的时，它就是具体的；当思维只是被用来作为得到更多思维的手段时，它就是抽象的。在一个理论家看来，一种观念若能用来从事思维并得到思维的结果，便是适当的和独立自足的；而在医师、工程师、艺术家、商人和政治家看来，思维只有被用来促进生活中的某些利益,例如健康、财富、美德、成功或你所希望的任何事物,才算是完善的。

对"纯粹理论"的轻视

在一般情况下,绝大多数人都会发现生活中实际的迫切要求几乎都具有某种强制意味。他们的主要事务就是适当地处理他们的日常工作。凡是仅在思维方面表现出重要性的事物,都是乏味的和遥远的——大多具有人为的、矫揉造作的性质。所以,那些参与实际工作并获得成效的行政人员,便对"纯粹的理论家"产生轻蔑的心理;他们深信,某些事情在理论上固然高明,但却无法付诸实践;所以,他们在使用抽象的、理论的、理智的字眼时,一般都含有蔑视的意味。

当然,在某些条件下,这种态度是有道理的。但是,公共的或实际的舆论对理论的蔑视并不都是真理。即使从常识的立场出发,这也"过分强调了实用价值",只注重当前的功效,以致目光短浅,或是寸步难行。理论与实际只有在程度上、适应上的界限,而不能绝对地分割开来。真正注重实际的人会自由地思考某一问题的各个方面,而不急于在每一点上都得到功效。只专注于事物的功用会使人们的视野缩小,归根结底,事物的功用本身也会成为泡影。用一条很短的绳子把一个人的思想拴在功用的柱子上,是不值得的。行动的力量需要有宽阔的眼界,这只有通过运用想象才能获得。为了摆脱常规和习惯的局限,人们至少要有为思维而思维的足够兴趣。为了从实际生活中解放出来,使生活丰富而进步,就必须有为知识而知识、为自由思维而思维的兴趣。

现在,我们再回到"从具体到抽象"这一教育学格言上,并提出这一过程需要注意的三个方面。

从实际的操作开始

1. 因为具体意味着思维应用于活动，以处理现实存在的困难。所谓"从具体开始"，是指我们在开始学习任何新的经验时，应当充分利用已经熟悉了的东西，如果可能的话，应当把新的课题和原则与某些活动所追求的目的结合起来。如果仅仅增加感觉或积累实物，那么，我们就没有"遵照自然的顺序"。在数字的教学中，不能仅仅因为运用了几块木条、几粒豆和一些小圆点，就说它是具体的。如果能清楚了解数字的用途和数字关系的意义，即使单独地使用数字，数的观念也是具体的。在一定的时间内，最好使用哪一类符号——是立方体、线条，还是图表——这完全依据对给定情境的适应。如果用实物来教授数字、地理或别的学科，但不能启发学生的心智，使他们认识到实物本身以外的意义，那么，运用这些实物的教学就和诵习现成的定义及规则一样难以理解。因为实物分散了学生的注意力，使学生不去注意观念而注意实物的刺激。

那种认为我们只要把实物放在儿童面前，让他去感知，就能把观念印入他的脑海的观点，几乎等于迷信。采用实物教学和感觉训练，比以前的语言符号教学方法有了明显的进步；但这一进步，也使教育者没能察觉到自身仅仅走了教学过程的一半这个事实。实际上，只有当儿童运用事物和感觉来支配他的身体、协调他的活动时，才能得到发展。通过连续性的活动，包括使用自然材料、工具和各种类型的能量，促使儿童去思考它们之间的相互关系，以及所要达到的目的。但是，如果只是把事物孤立地提示给感官，就仍然是乏味而呆板的。几十年以前，初等教育改革道路上的最大障碍就是过分地相信语言符号（包括数字），认为它们能产生神奇的智力训练效果；现在，又相信实物教学的效能，因而实物又成了改革道路上的障碍。常有这样的事情：较好是最好的敌人。

把兴趣转移到理智的问题上

2. 在富有成效的活动中，追求结果的兴趣应当逐步地转移到对于事物的研究上去——研究它们的性质、意义、结构、原因和结果。成年人在忙于自己的日常工作时，除了那些必须及时采取的行为之外，很少能运用时间和精力，自由地去研究他要处理的事物。① 儿童的教育活动的安排，应当能够使儿童注意到该活动中与原来活动有间接的和理智的联系的问题。前面已经提到这个例子，对于做木工或车间工作的直接兴趣，应逐渐地转化为对几何和机械问题的兴趣；对烹饪的兴趣，应发展为对化学实验与关于身体发展的生理学和卫生学的兴趣；起初的随便作画，应当慢慢地转化为表现远景透视、运用画笔、配色等技术方面的兴趣。在"从具体到抽象"这一格言中，"到"这个词代表了这一发展；它代表了这一过程中能动的、具有教育作用的阶段。

培养思维的爱好

3. 抽象是教育所要达到的目的；它是对理智问题本身的兴趣，是为思维而思维的爱好。行动和方法一开始只是某件事情的附带产物，后来才发展到拥有自身的价值，这是老生常谈了。思维和知识也是如此，起初只是为了达到自身以外的结果和适应；之后，它们吸引了越来越多的注意力；这样，思维和知识本身才成为目的而不是手段。儿童是为了他们感兴趣的事情，才自由

---

① 参见本书第 48—49 页。

地、持续地进行反思性检查和验证。这样形成的思维习惯逐步增进,其结果是思维习惯本身具有了重要的意义。教师的职责之一,就是引导学生分辨并深究他们活动的独特的理智方面,发展他们对于种种观念及其相互关系的自发兴趣。也就是说,从全神贯注于现时的事物上升到观念的水平,这才是真正的抽象能力。

II. 什么是抽象?

从具体变为抽象的若干范例

第六章所引用的三个例子,代表了从具体到抽象的上升周期。第一个例子,即为履行个人的约会而进行思维,显然是具体的。第二个例子,即尽力解释小船某一部分的意义,介于具体和抽象二者之间。长杆这一实体及其安放位置的原因是实用性的,因此,对设计者来说,这个问题完全是具体的——保持船只行动的一种特定的设备。但是,对于船上的乘客来说,这一问题是理论性的,或多或少具有推理的性质。因为无论他是否能推断出那长杆安置的意义,都对他抵达目的地没有什么影响。第三个例子,即泡沫的出现和运动,则完全是一个抽象的事例。不能克服有形物体的障碍,就不会有使外部手段变为目的的适应,这是问题的关键所在。水泡的出现和运动,这表面上似乎是异常的情形,因而引起了理智的好奇心,而思维则试图用公认的原则,简略地说明这明显的例外现象。所以说,理智的手段应当适应理智的目的。

抽象思维不是全部目的，大多数人不适合抽象思维

这里应当指出的是：抽象思维仅代表了目的之一，而不是目的的全部。对远离直接用途的事物进行持久思维的能力，是对实际的和现时的事物进行思维的产物，而不是替代物。教育的目的不是去破坏那种克服障碍、利用资源并达到目的的实际思维力量，不是用抽象思维来代替实际思维。理论思维也不是比实际思维更高级的思维类型。一个能自由地使用这两种思维的人，比那些只能使用其中一种的人，具有更高的地位。一种教育方法在发展抽象理智能力的同时，削弱了具体的或实际的思维习惯；而另一种教育方法，只注意培养计划、发明、安排、预测的能力，而不能确保某些思维的爱好，不顾及实际后果。这两者都不能实现教育的理想。

教育者也应当注意到学生与学生之间存在着很大的个性差异，不能试图强行把所有的学生纳入一个类型或模式之中。许多人(可能是绝大多数人)都具有务实的倾向，其目的在于行动和成功，而不在于获得知识；这种思维习惯，支配了他们的一生。在成年人中，工程师、律师、医生、商人要比科学家和哲学家多得多。对于那些以职业为主要兴趣和目标的人，教育也力求使其具有一些学者、哲学家和科学家的气质。然而，却没有充分的理由说明，为什么教育要内在地强调尊重一种思维习惯而轻视另一种思维习惯，有意地使具体的思维形式转化为抽象的思维形式。我们过去的学校教育，不就是因为片面地注重抽象思维形式，而使绝大多数小学生的心智受到了伤害吗？而所谓"自由"和"人道"的教育观，实际上不就是太偏重于学术而只能造就过分专一的思想

家吗?

教育的目标在于取得两者有效的平衡

教育的目标在于取得这两种思维态度的平衡,在于充分重视儿童个性的倾向,而不是妨碍和削弱其与生俱来的强大能力。过分偏狭于具体方面的人,必须解放自己的思想。在实际活动中,应当抓住每一个机会,去发展对于理智问题的好奇心和敏感性。不能对人的本性施加暴力,而是要加以拓展。否则,具体就会变得狭隘且令人窒息。至于那些爱好抽象思维和纯粹理智课题的少数人,应当努力增加他们使用观念的机会,把用符号表示的真理转化成日常和社会生活的用语。每一个人都有具体和抽象这两种思维能力,如果二者能在顺利和密切的相互关系中发展的话,每一个人的生活就会更有成效,也更幸福。否则,抽象就会等同于学究和迂腐了。

第十六章

语言与思维训练

I. 作为思维工具的语言

语言与思维有着特别密切的联系,因此需要专门讨论。"逻辑"这个词来自逻各斯(λóγοs),一般意谓思维或理性;然而,"语词、语词、语词"只能意味着理智的贫乏、思维的虚假。学校教育用语言作为学习的主要工具(并且常常作为主要的教材)。然而,几百年来,教育改革家对学校中流行的语言的使用提出了最严厉的批评。语言对于思维是必要的(甚至等同于思维)这一信条,受到了语言歪曲和隐瞒思维这一论点的对抗。

对思维和语言关系的几种观点

关于思维和语言的关系,一直有三种典型的观点:第一种认为,它们是同一的;第二种认为,语词是思维的外表或衣服,其必要性针对的不是思维而是传达思维;第三种(我们在这里将坚持这种观点)认为,尽管语言并不是思维,但它对于思维活动及其交流是必要的。然而,当人们说没有语言就不可能思维时,我们必须记住:语言包括的东西远远超出口头的语言和书写的语言。姿势、图片、纪念碑、视觉形象、手指运动——任何有意地作为一种指号(sign)使用的东西,从逻辑上说,都是语言。说语言对于思维活动是必要的,即是说指号对于思维活动是必要的。思维不与单纯的事物打交道,而与它们的意义、它们的暗示打交道;而意义为了被理解,必须以可感觉的和特殊的存在形式表现出来。如果没有意义,事物不过是盲目的刺激、野蛮的事物,或者是快乐和痛苦的偶然根源;而且,意义本身并不是有形的东西,它们必须依附于某种物理存在物才能固定下来。专门用来固定和传达意义的存在物，即是符号(*symbols*)。如果一个人走向另一个人，把他推出房间，那么，他的动作不是指号。然而，如果这个人用他的手指着门，或者发出"走"这个声音，那么，他的行为就成为意义的载体：这是一个指号，而不仅仅是行为本身。就指号来说，我们毫不关心它们本身是什么，而关心它们表示和代表的所有东西。*Canis*，*hund*，*chien*，*dog*，这四个词分别是拉丁文、德文、法文和英文，意思都是"狗"；只要表达了事物的意义，用哪个词都无关紧要。

自然物体是其他事物和事件的指号。例如：云代表雨；一个脚印代表一个猎物或一个敌人；一块突出的岩石用来指示地表下的矿物。然而，自然指号的局限性很大。首先，物理的或直接的感官刺激很容易分散对其所代表或表示的东西的注意力。几乎每个人都会想到，向一只小猫或小狗指点一个食物对象时，它们往往只专注于正在指物的手，而不会注意被指的东西。其次，在只存在自然指号的地方，我们主要听凭外部事件的摆布；为了得知其他某些事件的可能性，我们必须等待，直到自然事件自己表现出来。第三，由于自然指号最初并非有意作为指号，因而它是笨拙的、庞杂的、不方便的、难以运用的。相反，符号则是出于传递意义的目的而引进和发明的，就像人为的工具和器具。

人为指号用于表达意义时的几个优点

因此，对任何高度发展的思维来说，人为的指号都是必不可少的。语言正好满足这种要求。姿势、声音、书写或印刷形式都是严格的物理存在物，但是，它们原本的价值有意地服从于它们获得的、作为意义表达物的价值。人为指号用于表达意义时有以下三个优点。

首先，微弱的声音和细微的书写或印刷标记，它们的直接的和可感觉的价值不大。因此,它们不会分散人们的注意力,不会影响它们所代表的意义以及它们的表现功能。

其次,它们的产生受到我们直接的控制,因此,它们可以在人们需要时产生出来。当我们能够构造"雨"这个词时,不必等待雨的某种自然前兆把我们的思想转移到这个方向上。我们不能制造云,但我们能够制造这种声音;而作为一种意义标志,这种声音能像云那样为我们的目的服务。

第三,任意的语言指号运用起来十分便利和容易,它们简洁、轻便且精巧。只要我们活着,我们就要呼吸,并且通过喉咙和嘴的肌肉变化来调整声音的量和质,这是简单、容易并可以无限控制的。身体姿势以及手和胳膊的姿势也可被用作指号,但是与调整呼吸产生声音相比,它们是粗糙的和难以控制的。难怪口语被选作有意的理智的指号的主要材料。声音是精巧的、精练的、可修改的,也是短暂的。诉诸眼睛,书写和印刷语词系统弥补了这一缺陷。书写的词不变(*Litera scripta manet*)。

考虑到意义和指号(或语言)的密切联系,我们可以更详细地说明:(1)语言为特定的意义做些什么;(2)语言为意义的组织做些什么。

语言选择、保存和应用特定的意义

就特定的意义而言,一个词语指号(a)选择一种意义,即把它从含混不清的、变化不定的东西中分离出来(参见本书第135页);(b)保存、记录、存储这种意义;(c)在需要时应用它来理解其他事物。用一种混合的隐喻方式,把这些不同的职能结合起来,我们可以说,一个语言指号是一个围栏、一个标签、一个载体——集三者于一身。

a. 文字是一个围栏。谁都体验过这样的情况——对于一个朦胧含混的东西，获知适合它的名字，就能够使它完全清晰和明朗。有的意义看上去几乎伸手可及，却又难以捉摸；它拒绝凝聚成明确的形式；命定一个词，就是以某种方式（到底用什么方式，几乎是无法说明的）对意义加以限制，把它从虚空中抽象出来，使它成为一个依靠自身的实体。当爱默生（Emerson）说他更愿意知道表示一个事物的真正的名字，即诗人赋予的名字，而不愿意知道这事物本身时，他大概是想到了语言的这种启发的功能。儿童在要求和获知周围每个东西的名字时所表现出来的乐趣说明，对于他们来说，意义正在变成具体的个体，因而他们与这些事物的交往正在从物质层面转向理智层面。原始人赋予语词以魔力，这没有什么奇怪的。命名某一事物，就是给它一个称号；把它从纯物理现象提高到一种独特而持久的意义，从而使它获得尊严和荣誉。在原始传说中，知道一些人和物的名字并且能够操纵这些名字，就是占有它们的尊严和价值，就是掌握它们。

b. 文字是一个标签。事物产生又消亡，或者我们产生又消亡，而且不管怎样，事物都没有引起我们的注意。我们与事物直接可感的关系是十分有限的。自然指号引起的意义联想，限于能直接接触或观察的场合。但是，由语言指号固定的意义却能保存以供未来使用。即使没有表示某种意义的事物，也可以产生语词，从而使事物具有那种意义。由于理智生活依赖于对大量意义的占有，因而不会夸大语言作为一种保存意义的工具的重要性。当然，存储的方法并不是完全无菌的；同样，即使语词保持住原样，也会产生讹误和意义的变化，这是每个生物都要为生存的权利付出的代价。

c. 文字是一个载体。当一种意义被一个指号分离出来并且固定下来时,它就可以用于新的语境和情景。这种转移和重新应用,是所有判断和推论的关键。一个人认识到某一片特定的云是某一场特定的暴风雨的先兆,如果他的认识到此为止,那么,这对他不会有什么益处。这样,他就不得不一遍一遍地重新学习,因为下一次的云和雨不同于上一次的云和雨。这样,任何理智的累积增长都不会出现。经验可以形成适应自然的习惯,但不会教人们任何东西,因为我们不能有意识地利用旧经验来预料和调整新经验。能够用过去的东西来判断和推论新的和未知的东西,这意味着尽管过去的东西已经消失,它的意义却以某种方式留存下来,以至于可以被用来确定新东西的特征。语言对我们而言是伟大且易于操纵的载体,通过它们,可以把意义从与我们不再有关系的经验运送到那些尚模糊不清和无法确知的经验中去。

语言指号是组织意义的工具

在强调特定意义的指号的重要性时,我们忽略了另一个同样重要的方面。指号不仅划分出特定的或个别的意义的界限,而且是把种种意义按其彼此关系加以组织的工具。语词不仅仅是单个意义的名字或名称;它们还可以把意义相互联系、组织起来而形成句子。当我们说"那本书是字典"或"天空中那团模模糊糊的光是哈雷彗星"时,表达了一种逻辑联系——一种超出自然事物领域,进入种和属、事物和属性的逻辑范围的分类和定义的活动。命题、句子和判断的关系,与主要通过分析命题的各种不同类型而形成的独特的语词和意义或概念的关系相同;正如语词隐含句子一样,句子隐含它所适合的、连贯的、更大的篇章整体。正像人们经常说的那样,语法表达大众思维的无意识的逻辑。构成思维效用资本的主要的理智分类，是由我们的母语为我们建立起来的。使用语言时，我们对于自己正在运用本民族的理智系统恰恰缺乏明确的意识，这表明我们已经完全习惯于语言的逻辑分类和组合。

II. 教育中语言方法的滥用

单独地教授事物是对教育的否定

从字面上看，"教物不教词"或"先教物后教词"这句格言是对教育的否定，因为它把理智生活归为纯物理的和感觉的适应。在本来意义上，学习不是学习事物，而是学习事物的意义，而这一过程涉及符号或一般意义的语言的使用。同样，一些教育改革家反对符号教学的斗争，如果走到极端，就会使理智生活遭到破坏，因为恰恰是在由于符号才成为可能的那些定义、抽象、概括和分类的过程中，理智生活才得以生存、活动和存在。尽管如此，教育改革家的这些争论也一直是必要的。滥用一种东西造成的弊端，与其正确使用的价值是成比例的。

符号关于意义的局限和危险

正如已经指出的那样，符号本身像其他事物一样，是特殊的、物理的、可感觉的存在物。只是由于它们暗示和代表了种种意义，才成为符号。

首先，只有当个体经验过某种实际上与一些意义相关的情境时，这些符号对他而言才开始具有这些意义。只有我们在亲身与事物直接交往时先涉及一种意义，语词才能分离并保留这种意义。试图不与事物打任何交道,仅仅通过一个语词来给出一种意义,就是使这个词失去容易理解的意义;这种企图是教育中一种普遍盛行的倾向,正是改革家们所反对的。此外,还有一种倾向认为,每有一个明确的语词或言语形式,也就有一个明确的观念;而实际上,成年人和儿童一样,都能够使用精确的语词进行表述,即便对它们意义的理解是最含糊、最混乱的。真正的无知倒是有益的,因为这很可能伴之以谦卑、好奇和思想开放;而只具有重复警句、行话、熟悉的命题的能力,就沾沾自喜、自以为是和故步自封,则是最危险的。

其次,尽管在没有自然事物干扰的情况下,新的语词组合可能提供新的观念,但这种可能性却是有局限性的。懒惰的习性会导致个人不经过亲自探究和检验,就接受周围流行的观念。一个人动脑筋也许是为了发现别人相信什么,然后就到此为止。这样,语言所体现的别人的观念就变成自己观念的替代物。运用语言的学习和方法,使人的思想停留在过去的学识水平上,阻止新的探究和发现;用传统的权威取代自然事实和规律,使个人蜕变为依靠别人的第二手经验生活的寄生虫——所有这些,一直是教育改革家们反对在学校中突出语言地位的根源。

第三,原先代表观念的语词被重复使用,逐渐成为纯粹的计数器;它们变成这样的自然事物,即人们根据一定的规则操纵它们,或通过一定的运算对它们作出反应,同时又意识不到它们的意义。斯托特(Stout)先生(他称这样的语词为"替代指号")说:"代数和算术指号在很大程度上用作纯替代指号。……每当可以从符号化的事物的本性中得出固定和明确的运算规则,从而应用它们来操纵这些指号时,不用进一步参照这些指号的意义就可以使用这种指号。一个语词是考虑它所表达的意义的工具;一个替代指号是不用思考它以符号方式表示的意义的手段。"不论怎样,这一原则既适用于代数指号,也适用于日常语词;它们还使我们能够使用意义,从而能够不假思索地获得结果。在许多方面,指号作为不假思索的工具,具有很大的优越性;它们代表着人们熟悉的东西,从而使人们注意到那些因新颖而需要有意识地加以解释的意义。然而,由于课堂上重视技术的简易可行,重视产生外在结果的技能[1],常常把这种优越性变成一种确切的危害。在运用符号以便流利地背诵、得到和给出正确答案、遵循规定的分析公式的过程中,学生的学习态度变成机械的而不是有思考创见的;词语记忆替代了对事物意义的探究。在攻击词语教育方法时,这一危险也许是令人耿耿于怀的最大的问题。

III. 语言的使用与教育的关系

语言与教育工作有双重关系。一方面,语言不仅在学校的所有社会性学科中,而且在所有学习中,不断地得到使用;另一方面,它自身又是一种独特的学习对象。我们在这里只考虑一般的语言使用,因为比起有意识的语言学习,它对思维习惯的影响要深得多,后者只是使言语所包含的东西明确起来。

"语言是思想的表达",这个通俗的陈述半真半假,其中包含

---

① 参见本书第 61—62 页。

可能导致确切错误的陈述。语言确实表达思想，但这不是主要的，也不是首先的，甚至不是有意识的。语言的首要动机是（通过表达愿望、情感和思想）影响别人的行动；其次要用途在于进入与别人更亲密的社交关系；语言作为思想和认识的有意识的载体的使用是第三位的，并且是相对较晚形成的。约翰·洛克的陈述，清楚地说明了这些极不相同的情况。他认为，语词有"市民的"和"哲学的"双重用法。他说："我所说的市民的用法，指思想和观念通过语词进行交流，可以用作公共对话和交流，以促进日常事务和社会生活的便利。……我所说的语词的哲学的用法，指的是这样一种用法，即可以利用它们来传递事物的精确概念，并且以一般的命题表达确定的和毋庸置疑的真理。"

教育要使语言转变为一种理智的工具

语言这种实践用途和社会用途与理智用途的区别，使学校中有关言语的难题比较清楚地暴露出来。这个难题就是：以主要适用于实践和社会目的的口头和书面语言来指导学生，以致语言逐渐变成有意识地传达认识和帮助思维的工具。我们怎样才能不抑制学生自发的、自然的动机——产生语言的生命力、说服力、生动性和多样性的动机——而改变语言习惯，从而使它们成为准确和灵活的理智工具呢？仅仅鼓励学生原始地、自发地说出话来，不使语言为反思性思维服务，这是比较容易的；抑制并且几乎摧毁（就课堂的范围来说）他们朴素的目的和兴趣，建立人工和正式的模式来表达一些孤立的、技术的问题，那也是比较容易的。问题的困难在于，如何把与"日常事务和便利"有关的习惯变成与"精确概念"有关的习惯。要成功地完成这种转变，需要（a）扩大学生的词汇量；（b）使其语词变得更严格、更精确；（c）养成连贯叙述的习惯。

a. 扩大词汇量。更为广泛、明智地接触人和事物,当然会扩大词汇量,而且从听到或看到一些语词的语境收集它们的意义,同样会扩大词汇量。通过这两种方法把握一个词的意义都是运用智力,作出智力选择或分析,而且是扩大下一步理智计划中很容易得到的意义或概念储备。[①] 人们一般把一个人所掌握的词汇分成主动词汇和被动词汇,后者由被听见或看见并被理解的语词组成,前者由被明智使用的语词组成。被动词汇通常远远超过主动词汇,这一事实表明了力量并不受个人控制或利用。未能使用被理解的意义,可能暴露出人们依赖外在刺激和缺乏理智精神。这种心灵的惰性,在某种程度上是人为的教育产物。儿童通常试图应用他们掌握的每一个生词,但在学习识字时,他们被灌输了许许多多不同的词,以至于根本没有机会使用它们。其结果,即使不是令人窒息,也是一种精神压抑。此外,如果不能主动运用语词的意义来确立和传达观念,那么,语词的意义绝不会是相当清晰的或完整的。要使语词的意义明确,就需要行动。

词汇的有限可能是由于经验范围有限,由于与人和事物接触的范围过于狭窄,以致无法联想起或获得完整的语词存储;同时也是由于漫不经心和含糊其辞。一种听天由命的精神状态,使人不愿意在知觉方面或自己的言语方面作出清晰的区别。一些不确定地涉及事物的语词被轻率地使用,使得事物的性质也不能确定。实际上,所有事物都恰恰是"某种东西"或"你称谓它的东西",处于一种对思想无可奈何地松散和含糊作出反应的状态。

[①] 参见本书第 149—150 页。

如果与儿童有关的人词汇匮乏，儿童读物平庸乏味（甚至儿童在学校中使用的读物和课本也常常是这样），很容易导致他们的心智趋于狭隘。即便是技术术语，当它们用于使观念或对象的意义更清晰时，也会变得清晰。每一位有自尊心的技工都能叫出一辆汽车各部分的正确名称，因为这是区分它们的方式。简单性应该意味着可理解性，但并不等于像婴儿一样说话。

我们还必须注意语言流畅和掌握语言之间的巨大区别。滔滔不绝并不必然标志着一个人拥有大量的词汇。说得多或者甚至张口就说，类似于四处游走和在适当范围内绕行。大多数课堂除了课本之外，缺乏教学资料和用具，甚至这些课本也是按照想象中的儿童能力程度而"写出"来的，因而就限制了学生掌握丰富词汇的机会和要求。课堂上所学的事物的词汇，相当大的部分是孤立的；它们与校外流行的观念和语词范围不是有机地联系在一起的。因此，扩大词汇量常常是有名无实的，是一些没有生气的意义和语词的存储，而不是活生生的意义和语词的存储。

b. 词汇的精确性。增加语词和概念存储的一种方式，是发现并命名意义的细微差别——这就是说，要使词汇的意义更加精确。词汇意义确定性的增加，某种程度上就像词汇量的绝对扩大一样重要。

语词最初的意义产生于对事物的表面认识，因而在含混的意义上，这些意义是"一般性"的。幼儿称所有的男人为"爸爸"；认识了一条狗之后，他可能把他看到的第一匹马称为"大狗"。这里，幼儿注意到了量和强度的差异，但对事物基本意义的理解极其含混，以致覆盖了相距甚远的事物。对许多人来说，树就是树，或者仅仅分为落叶树和常青树，也许在各类树中还认识一两种。

这种含糊性很容易持续存在,并且成为思维发展的障碍。意义混杂的语词,充其量是笨拙的工具;而且,它们常常是不可靠的,因为它们有歧义的所指会让我们把应该区分的事物混淆起来。

语词摆脱最初的含混而变得准确,一般向两种方向发展:第一是向代表关系的词发展,第二是向代表高度个体化特性的词发展。[1] 第一种方向与抽象思维相联系,第二种方向与具体思维相联系。据说,一些澳大利亚部落没有表示动物或植物的词,可他们却有表示各种各样动物和植物的专门名称。这种词汇的细微之处体现了其在确定性方面的进步,但只是片面的进步。专门的属性得到区别,关系却没有得到区别。[2] 另一方面,学习哲学、一般的自然科学和社会科学的学生很容易掌握大量表示关系的语词,但却不能掌握大量表示个体和特性的语词。因果关系、法律、社会、个体、资本这些语词的普通用法,表明了这种倾向。

在语言史上,我们发现了词义变化所表明的词汇发展的两个方面:一些词最初应用广泛,后来缩小了应用范围,表示意义的细微差别;另一些词最初是专门的,后来扩大了应用范围,表达关系。例如,本国语(*vernacular*)这个词,现在的意思是母语,这是从 *verna* 这个词概括出来的,而 *verna* 的意思是在主人家出生的奴隶。出版(*publication*)这个词,原先是指各种信息传播;现在它的意义有所限制,指传播信息的出版物——尽管早先这种更宽泛

---

[1] 比较关于意义的发展所说的内容,参见本书第 136 页。

[2] “一般”这个词本身是一个有歧义的词,(在其最逻辑的意义上)意谓有联系的,(在其自然用法中)意谓不确定的、含混的。在第一种意义上,“一般”是指对一条原理或普通关系的区分;在第二种意义上,是指缺乏对专门或个别属性的区分。

的意义是在法律程序中得到的,譬如公布原告的诉讼(publishing a libel)——发展了它借助印刷而交流的意义。平均(*average*)这个词,现在的意思是从与在企业各种参与者之间按比例分摊因船只失事造成的损失联系在一起的用法中概括出来的。①

　　这些词语的历史变化,帮助教育家鉴别个人随着理智的进展而发生的变化。在学习几何时,一个学生必须学习缩小和扩展像线、面、角、方、圆这些熟悉的词的意义,把它们缩小到证明中涉及的严格意义,把它们扩展到包括普通用法中没有表达的一般关系。这时,颜色和尺度的性质必须被排除;而方向关系、方向变化关系、限度关系必须被明确掌握。因此,在普遍的几何学中,线段的观念并不包含长度的内涵。就此而言,通常被称作线段的只是线段的一部分。在每个学科中都会出现相似的变化。恰恰在这一点上,存在着上面间接提到的危险,即简单地以新的和孤立的意义掩盖普通意义,而不是把真正日常和实际的意义转变为逻辑概念。

　　有意识地严格使用,以便表达一种意义、整个意义和唯一意义的语词,被称为技术的(*technical*)。出于教育目的,一个技术术语表示某种相对的而不是绝对的东西,这是因为,一个词是技术的,不是由于它的词语形式或独特性,而是由于它被用来使一种意义精确地固定下来。当普通语词有意识地用于这种目的时,就得到了技术性质。每当思想变得更加精确时,一个(相对的)技术词汇就会发展起来。教师很容易在有关技术术语的极端情况之

---

① 大量举例说明语词的含义的两方面变化的材料,可以在杰文斯(Jevons)的《逻辑基础教程》(*Elementary Lessons in Logic*)中找到。

间摇摆不定。一方面，这些语词在每个方向上都在增加，似乎基于一个假设：学习一个带有词语描述或定义的新的术语，等同于把握一个新的观念。另一方面，当看到最终结果在多大程度上是一套孤立的语词、行话或学术用语的积累，自然的判断能力在什么程度上受到这种积累的妨碍时，都有对对立的极端情况的反作用。技术术语被排除，存在"名字词"而不存在名词，存在"行为词"而不存在动词；小学生可以用"拿走"这个词，但不能用"减去"；他们可以说出四个五是多少，但却不知道四乘五是多少，等等。这种反作用——对表示出意义的虚假而不是实在的语词的反感——的基础是一种可靠的直觉。但是，根本的困难不在于语词，而在于观念。如果不掌握观念，即便使用更熟悉的语词，也不会得到任何东西；如果掌握了观念，确切指称这个观念的语词的使用，就可以促使这个观念固定下来。应该有节制地引入表示高度确切意义的语词，即每次引入少数几个；应该逐渐引入它们，而且尽心竭力地去寻求那种使意义的精确变得有意义的环境。

c. 连贯的话语。正如我们看到的那样，语言不仅选择和固定意义，而且把意义联系和组织起来。正如每种意义都是在具有某种情景的语境中确立的一样，具体使用的每一个语词都属于某个语句（它本身可能表现为一种浓缩的语句），而语句又属于某个更大的情节、描述或推理过程。我们没有必要重复以上关于意义的连续而有序的重要性。然而，我们可以注意学校实践的一些方式，它们倾向于阻碍语言的连贯性，因而给系统的思考带来不利的影响。

首先，教师有一言堂的习惯。如果某天放学时把教师一天说话的时间统计起来，并与学生进行比较，那么，即使不是大多数教师,也会有许多教师感到惊讶。学生的谈话常常限于用简要的短语或不连贯的单句来回答问题,把阐述和解释都留给了教师;而教师常常采纳学生回答中的某些暗示,然后进一步阐述他以为学生必然所指的东西。这样促成的只言片语的谈话习惯,必然造成不连贯的理智影响。

其次,指定过短的课文作业,加之详细的"分析"提问(这通常是为了挨过问答课的时间),会产生相同的效果。这种弊病通常在历史和文学这样的学科中最为严重,因为在这些学科中,材料常常被详细地再划分,以致把属于课题某一给定部分的意义单位拆散,打破事物的整体联系;实际上,把整个论题归为一些毫无联系的细节在同一水平上的积累。教师常常意识不到,他的头脑里装载着完整的意义并且提供给学生,而学生得到的却是孤立的、零碎的东西。

第三,坚决要求避免错误而不注重获得能力,也容易干扰连贯的叙说和思维。一些开始要说某件事情而且理智上渴望说出它的儿童,有时担心出现内容和形式的细小错误,便把应该用来进行积极思维的精力转向渴求不犯错误,甚至在极端的情况下,消极地以沉默作为最少犯错误的最佳方法。在作文、小品文和文章的写作中,这种倾向表现得尤为明显。教师甚至严肃地建议,儿童应该时常写些琐细的题目并且用短句子,因为这样不容易犯错误;而中学生和大学生的写作教学,有时会沦为仅仅是检查和指出错误的技术。由此产生了自我意识的约束。学生失去了写作的热情,他们的兴趣渐渐枯竭;他们不再对必须要说的东西感兴趣,也不再对如何说作为充分表述和表达他们自己思想的手段感兴趣。必须要说某种东西,与有某种东西要说截然不同。

第十七章

心灵训练中的观察和信息

思维活动要根据发现题材意谓或表示什么来对题材进行整理。不吸收食物,就不会有消化;同样,不整理题材,思维就无法存在。因此,题材的供给和理解方式是重要的根本问题。如果题材被过于吝啬或过于慷慨地提供,如果题材以混乱的次序或孤立零碎地出现,那么对思维习惯的影响就是有害的。如果个人的观察和别人的(无论是书本中的,还是言语中的)信息交流得以正确地进行,那么,逻辑的训练就成功了一半,因为这些是获得题材的途径,其进行方法直接影响思维习惯。结果通常要更深刻,因为这是无意识的。最好的消化可能被缺乏营养的食物、错误的进食时间、一次吃太多或者不平衡饮食所破坏——也就是说,材料组织得很差。

I. 观察的性质和价值

观察本身并不是目的

上一章提到教育改革家们反对夸大和错误地使用语言,他们坚持以个人直接的观察作为专门的替代手段。这些改革家认为,流行的强调语言因素的做法剥夺了儿童直接了解实际事物的所有机会;因此,他们呼吁通过感觉经验来填补这一缺陷。然而,他们满怀热情地坚持这种主张,却常常不研究怎样进行观察、为什么观察具有教育作用,因而陷入使观察本身成为目的的错误;而且,不论在什么条件下,也不论对什么材料,只要能进行观察,他们就认为符合教育的要求。这不足为奇。在下面的陈述中,依然表现出把观察孤立起来的问题:首先发展观察能力,然后发展记忆和想象的能力,最后发展思维能力。从这种观点出发,观察被认为可以提供大量原始材料,而且以后可以把反思过程施于这些材料。前面已经说过,这种观点的荒谬性是显而易见的,因为我们与事物的所有不在纯物理水平上的交往都含有简单的、具体的思维活动。

渴望扩充认识范围的兴趣可以推动观察

所有的人都有一种扩大自己认识人和事物范围的自然的愿望——类似于好奇心。美术馆中禁止携带手杖和雨伞的指示牌,显然证明了这一事实:光用眼睛看,对于许多人来说是不够的;人们有一种不直接接触就不能了解的感觉。这种对更充分更准确的知识的需求,与为观察而观察的有意识的兴趣是完全不同的。希望扩大,希望"自我实现",就是它的动机。这种兴趣是满足的兴趣,是社会的和美感的满足,而不是认识上的满足。这种兴趣在儿童那里尤其强烈(因为他们的实践经验很少,而他们的可能经验却很大),当成年人尚未被常规弄得愚钝的时候,也还是有这种特征的。这种满足的兴趣提供了一种媒介,它使大量不同的、毫无联系的和没有理智作用的东西得到赞同并且联系起来。其所得到的系统不是有意识的理智的系统,而实际上是一种社会的和美感的系统;但是,它们为有意识的理智探索提供了自然的机会和材料。一些教育家曾经建议,小学里应该引导自然学科的学习,培养儿童对自然的热爱和对于美的鉴赏能力,而不是培养单纯的分析精神。另一些教育家则极力主张关心动物和植物。这些重要建议来自经验,而不是来自理论,但都为刚才提出的观点提供了极好的例证。

活动引起的需要可以推进分析的观察:感觉训练说的错误

在正常发展中,特殊的分析观察最初几乎总是与在活动中指明手段和目的的迫切需要结合在一起。如果一个人理智地做某事,那么这项工作若要成功(除非它是纯粹的常规),他就必须用眼睛、耳朵和触觉作为行动指导。没有连续不断的机警的感觉训练,甚至连玩和游戏也不能进行;在任何形式的工作中,必须专心致志地注意材料、障碍物、用具,以及失败和成功。感官知觉的出现,不是为了自身或为了训练,而是因为它是人们试图成功地做某件感兴趣的事情时必不可少的因素。尽管感官知觉不是为感觉训练而设计的,但是这一方法却以几乎最经济、最彻底的方式影响感觉训练。教师设计出各种各样的模式来培养学生对形式敏锐迅速的观察,譬如书写语词(甚至以一种未知的语言),编排数字和几何图形,让学生们看一眼后将其再现。儿童常常获得快看和完整再现比较复杂的、毫无意义的组合的高超本领。这样的训练方法作为暂时的游戏和娱乐来说,还是有益处的;然而,与通过操作木头或金属工具这样简易的作业而完成的眼睛和手的训练相比,或与园艺、烹饪、饲养动物的训练相比,却是非常不适合的。以孤立的练习来训练,是不会有任何结果的;甚至所获得的专门技术,也没有什么传播力和传递价值。有许多人不能正确地说出自己手表上的数字的形状和排列,根据这一点对观察训练提出批评是不中肯的,因为人们看手表不是为了发现 4 点钟是由 Ⅲ 指示还是由 Ⅳ 指示,而是为了知道几点钟了。如果观察注意那些不相关的细节,反而是浪费时间。所以,在观察训练中,目的和动机的问题是特别重要的。

解答理论问题可以推进观察

观察的进一步的更为理智或更为科学的发展，遵循着从实践反思发展成为理论反思的轨迹，前面已经看出这一点。[①] 问题的出现和对问题的仔细研究，要求观察较少地针对与一个实际目标相关的事实，而更多地针对那些与问题有关的事实。在学校里，常常使观察在理智上不起作用的东西（比其他任何东西更无效）是：进行观察却没有带着通过观察来确定和解决的有意义的问题。在整个教育系统中，从幼儿园到小学，到中学，直到大学，都可以看到这种孤立性的弊病。几乎到处都可以发现这样的情况：有时候人们对观察的依赖，就好像观察本身具有完全的、终极的价值，而不是把它当作获取数据的方法；这些数据用于检验观念或计划，使感觉到的困难变成引导后续思维活动的问题。[②] 此外，由于观察不是由任何它们所服务的目的的观念提出和引导的，这就违背了理智方法。

在幼儿园里，堆满了关于几何图形、线、平面、立体、颜色等可被观察的物品。在小学里，在所谓"实物教学"的名义下，一些几乎是任意选择的实物（苹果、橘子、粉笔）的形式和属性被选来进行观察；而在"自然学习"的名义下，类似的观察却针对几乎同样任意选择的树叶、石头、昆虫。在中学和大学里，观察在实验室中和显微镜下进行，就好像积累观察到的事实和获得操作技术就是教育自身的目的。

---

① 参见本书第 91 页。
② 参见本书第 104—105 页。

科学工作的观察

让我们把杰文斯的陈述与这些孤立观察的方法进行比较:科学家进行的观察"只有被证实一个理论的希望激发和指导时",才是有效的;而且,"可被观察和进行实验的事物是无穷的,如果我们仅仅是着手记录事实,而没有任何明确的目的,我们的记录就会没有价值"。严格地说,杰文斯的第一个陈述过窄。科学家进行观察,不仅仅是为了检验一个观念(或提出某一解释性的意义),而且是为了确定问题的实质,甚至以此为指导,形成一个假说。但是,他阐述的原则,即科学家绝不使观察积累本身成为目的,而总是使它成为达到一般理智结论的手段,是绝对正确的。直到教育充分认识到这一原则的力量为止,所谓的观察在很大程度上是枯燥无味的僵化的工作,或者获得可以利用的专门的技术形式,而没有理智的价值。

II. 学校中的观察方法和材料

学校中已经使用的最佳方法给人许多启示,赋予观察在心智训练中的恰当地位。这些方法的三个特征值得提及。

观察应当包含主动的探索

首先,它们基于一个可靠的假定,即观察是一个主动的过程。观察是探索,是为了发现以前隐蔽的和未知的东西的探究,以通过这些东西来达到某个实际的或理论的目的。观察应该与对熟悉的东西的识别或知觉区别开来。识别某个已经理解的东西,确实是进一步调查研究所必不可少的功能；①但是，它比较机械和被动，而观察需要大脑保持警觉，持续警戒，搜寻并探究。识别涉及已经掌握的东西，观察则与掌握未知的东西有关。知觉就像在一张白纸上写字或在心里印上一个形象，恰如在蜡上刻印图章或在照相底板上形成一幅画。这些普通观念（即在教育方法中起过灾难性作用的观念）的出现，是由于未能把机械识别和真正观察区别开来。

观察应当引入悬置的戏剧因素，即"情节兴趣"

其次，考虑观察具有的近乎听故事或看戏剧时那种渴望和关注，可能对选择合适的观察材料很有帮助。只要有"情节兴趣"，观察的警觉就处于顶峰。为什么？因为新旧事物、熟悉的和意想不到的事物和谐地组合在一起。由于心灵悬念的因素，我们紧紧盯住讲故事人的嘴唇，一些可能的结果虽然有所暗示，但是仍然很模糊，因此我们会问：然后怎么样？事情变得如何？请把一个儿童注意一个故事所有显著特征时的安逸和全神贯注，与他观察某种呆板的、静止的、绝不会引起问题，或使人联想起其他可能结果的事物时的吃力和坐立不安进行对照，两者是大不相同的。

当一个人做某件事或制作某个东西的时候（这种活动不具有机械的和习惯的特征，因此其结果无法保证），有一种类似的情境。某种东西将由现在感觉到的事情而产生，但这恰恰是令人疑惑的。情节正在向成功或失败发展，但是在什么时间、以什么方式却无法确定。因此，建设性的手工作业会引起儿童对于工作条件和结果的急切紧张的观察。当题材具有更客观的性质时，也可

---

① 参见本书第 134 页。

以运用相同的变化原理,达到一种结局。谁都知道,移动的东西引人注意,静止的东西不被人注意。然而,情况似乎常常是这样的:人们努力取消学校一切具有生活和戏剧性质的观察材料,使观察材料沦为呆板的、毫无生气的形式。当然,单有变化是不够的。变迁、替代、运动都能引起观察;但是,它们仅仅引起观察,并不会引起思维。变化(像一个构思精巧的故事或情节中的事件一样)必须以某种渐进的次序发生;如果对变化的观察要在理智上成为有次序的,并且因而有助于形成一种逻辑的态度,那么,每一个相继的变化都必然立即会使我们想起它的前一个变化,并且对以后的变化产生兴趣。

对结构和功能的观察。生物、植物和动物能够极大地满足这双重的要求。有生长的地方,就有运动、变化和过程,还有循环变化的安排。前者引起观察,后者组织观察。儿童对于播下种子和观看其生长阶段抱有极大的兴趣,主要是因为,这种事实是在他们眼前演出的一幕戏剧;有某种东西在表演,其每一步对于植物的命运来说都至关重要。如果检验,人们将发现,最近几年植物学和动物学的教学出现了很大的实际改进,包括把植物和动物看作有行为、做某事的活的生物,而不是把它们仅仅看作毫无生气的样本,把那些静态属性加以编目、命名和登记。如果用后一种方式来对待,那么,观察必然要沦为错误的"分析"①,沦为单纯的列举和分类编目。

观察对象的静态性质当然有一席地位,而且有一席重要的地位。然而,当主要兴趣在功能、在对象做什么以及如何做时,则有

---

① 参见本书第 121—122 页。

一种进行更详细分析研究的动机,即观察结构的动机。对注意一种活动感兴趣,会不知不觉地转变为对注意这个活动是如何进行的感兴趣;对所做的事情感兴趣,会转变为对做这事的器官感兴趣。但是,如果从形态的和结构的方面开始,即注意各部分的形式、尺寸、颜色和分布的特性,那么,材料就失去意义,变成僵死的和呆板的东西。儿童在知道植物像动物一样会呼吸,而且有和肺的功能相对应的器官之后,他们自然就会专心致志地寻找植物的气孔。如果把事物看成是结构孤立的特殊物,而不涉及它们所包含的活动和用途的观念,那么,这种学习就是令人厌恶的。

观察在性质上应当是科学的

第三,观察开始进行时是为了实践目的或者单纯为了看和听的乐趣,现在变成为了理智的目的而进行。学生学习观察,为了(a)发现他们面临什么样的困惑;(b)对观察到的疑难特征加以推测,并提出假设性的解释;(c)检验由此联想到的想法。

简言之,观察在性质上变成科学的。可以说,这样的观察应该遵循一种处于宽泛和紧凑之间的节奏。广泛而随意地吸收一些相关事实,选择少数事实进行详细精确的研究,这样相互交替从而使问题变得明确,使联想到的解释变得有意义。宽泛的、不太精确的观察,对于使学生感到探究领域的实在性,意识到探究的方向和可能性,并且在头脑中存储一些可能由想象转变为联想的材料来说,是必要的。紧凑的研究对于限制问题和保证实验检验条件来说,是必要的。后者本身因过于专门化,技术性过强,不能激发理智的增长;而前者本身因过于肤浅,过于分散,不能控制理智的发展。在生命科学中,实地考察、远游、了解生物的自然习惯,可以与显微镜观察和实验室观察交替进行。在物理科学中,对于自然界广阔背景（自然地理背景）中的光、热、电、湿度、引力的现象，应该在实验控制的条件下，选择一些事实作为精确研究的准备。这样，学生们不仅受益于关于发现和检验的科学技术方法，同时又保持他们对实验室的能量模式与室外的广大现实相同一的意识，以避免这样的（常常逐渐加深的）印象：研究的事实仅仅是实验室所特有的。然而，科学观察不是单纯替代自我享受的观察。后者出于为写作、绘画、歌唱这样的艺术作贡献的目的而变得锐利，它变成真正审美的东西。享受看和听的人是最好的观察者。

III. 信息交流

说到底，任何一个观察者自身可以接受的领域都是狭窄的。在我们从别人的观察和结论听说或看到的东西中，有许多东西不知不觉地潜入我们的每一个信念，甚至进入我们全凭个人在最直接了解的条件下所形成的那些信念。尽管我们在学校里的直接观察得到很大扩展，但主要的教育题材还是来自其他方面——课本、讲座和口头交流。最重要的教育问题，莫过于如何从他人和书本传达的知识中获得理智的益处。

如何通过信息交流完成对学习的理智评价

与教学（*instruction*）这个词联系在一起的主要意义，无疑是对他人观察和推论的结果的一种传达和灌输。在教育中不适当地突出积累信息的理想①,其根源无疑在于突出学习他人知识的重要性。因此,问题是如何把这种形式的知识转变为理智财富。用逻辑术语表述,他人经验所提供的材料是证词,也就是说,利用别人所提供的证据,形成某人自己的判断,从而达到一个结论。我们应该如何对待课本和教师所提供的教材,以便使它成为反思性思维探究的材料,而不是使其成为商品一样的、可以接受并吞下的现成的理智精神食粮呢?

回答这个问题,我们首先可以说,材料的交流应该是需要的。这就是说,材料的交流不能轻易地由个人的观察得到。无论是教师还是书本,用学生稍微费些力气就可以通过直接探究发现的事实来填塞他们,一定会破坏他们理智的完整性,并培养其心理上的屈从态度。但这并不意味着,别人提供的材料一定是贫乏的或不足的。自然和历史的世界在感觉的最大范围之外,几乎无限地延伸。但是,应该细心地选择和认真地保护可以进行直接观察的领域。好奇心不应该因为廉价和陈旧的满足而变得麻木。

其次,不应以教条的结论僵化地提供材料,而应借助刺激来提供材料。当学生们认为,任何学科都已经被明确地审定过了,关于它们的知识是详尽的和终极的,他们就可能变成驯服的学生,而不再是研究者了。无论什么样的思维活动——只要是思维活动——都包括一个创造性阶段。这种创造性并不意味着学生的结论不同于别人的结论,更不是指要得到一个全新的结论。学生的创造性与大量使用别人提供的材料和建议并不是不相容的。所谓创造性,意谓个人对问题的兴趣、勇于推翻他人结论的主动

———————————

① 参见本书第61—62页。

精神,以及穷根究底直至得出经过验证的结论的诚挚态度。从字面上说,"自己思考"这个短语是同义反复;任何思维活动都是个人自己思考的。

第三,借助信息提供的材料,应该与学生自身经验中至关重要的问题相关。前面所说的把观察本身当作目的的弊病,同样适用于交流学习。教材如果与学生从自身经验中激起的兴趣格格不入,或者不是以激发问题的方式进行教学,那么它对于理智的发展来说,比没有用处还要坏。这种教材由于未能进入任何反思过程,所以是无用的;它像残留在脑海里的一堆废物,一旦出现问题,就成为高效思维活动的绊脚石和障碍物。

可以用另一种方式来陈述这一原则:交流提供的材料必须能够进入某个现存的经验系统或组织。所有学心理学的学生都熟悉统觉原理——我们把新的材料与已经消化的和从先前经验中得到的东西融为一体。今天,教师和课本应该尽可能地把学生从个人直接经验中得出的东西,作为材料的"统觉基础"。现在有一种倾向,即把课堂教材与先前的学习材料结合起来,而不是与学生在课外经验中获得的经验结合起来。教师说:"你不记得我们上周从课本中学到的东西了吗?"而不是说:"你想不起来你看到过或听到过这样的东西吗?"其结果就是形成孤立的和独立的学校知识系统;这种系统毫无生气地压抑着日常生活的经验系统,而不是反过来扩大和改善它们。在这种教育下,学生们生活在两个分离的世界里,一个是校外经验的世界,另一个是书本和课文的世界。那么,我们便愚蠢地想知道:为什么学校里所学的东西如此不关心外面的世界?

第十八章

讲课与思维训练

I. 关于讲课的错误观念

教师在讲课中达到他与学生最紧密的关系。在讲课中,教师集中考虑引导儿童的活动,激发他们的求知欲望,影响他们的语言习惯,指导他们的观察等种种可能性。因此,在讨论讲课作为教育手段的重要性时,我们要考虑前面三章所考虑的观点,而不提出新的主题。讲课的方法是对教师能力的严峻考验,例如,教师诊断学生的理智状态的能力,为激发学生心灵反应而提供种种条件的能力。简言之,这是对教师教育技巧的一个严峻考验。

讲课与反省

使用"讲课"(recitation)这个词来指明教师与学生、学生与学生最密切的理智的联系的时间,这是具有决定意义的事实。讲课就是再次引述、重复、反复叙说。如果我们称这一段时间为"重复"(reiteration),它所指示的东西几乎不可能比"讲课"这个词更清楚地阐明通过重新审视二手信息,通过为了在恰当的时间作出正确回答而进行记忆,从而产生对教学的完全控制。这一章所说的每一点都不如下面这条重要,即讲课是刺激和指导反思性思维的时间和场所。记忆的再现只是在培养反思性思维态度过程中的一件小事——虽然是必不可少的小事。

讲课比学校系统中的其他东西,更为明确地展现了无目的的积累信息的理念的主导地位,因为信息会帮助我们掌握一个困难,而无需在选择相关事物时作出判断。我们很难夸张地说,学生经常被如此对待,好像他只是一部留声机一样,只要讲课或考试达到了恰当的水平,一些语词就会在字面上被复制出来。或者换一种比喻,学生的心灵被看作一个储水器,信息通过一套管子机械地注入其中;而讲课则是抽水机,通过另外一套管子把这些材料重新提取出来。于是,教师技能的评价就基于他管理水流出流入这两套管线的能力。

被动性的邪恶

不需要提及的是,这种实践助长了心灵的被动性。我们在讨论思维的时候所提出的一切都在强调:被动性是思想的对立面;它不仅标志着不能唤起判断和个人的理解,而且意味着好奇心受挫,心不在焉,使学习变成了一种任务而不是一种乐趣;在大多数情况下,它甚至没有满足这样一个目的,即使心灵拥有那些在需要的时候可以发挥作用的事实和原则。心灵不是一张可以自动吸收和保存的吸水纸,而是必须寻求食物的活生生的有机体,它会根据目前的需要和条件进行选择和放弃,只保留那些得以消化并转换为自身能量的东西。

II. 讲课的功能

讲课应当达到什么目的呢? 一般而言,有三个目的:(1)它应当刺激思想的渴望,唤醒对思想活动和知识的迫切愿望,唤醒对研究的热爱——这本质上是一种情感的态度;(2)当学生拥有了对它们的兴趣和热情,并在某种程度上被唤起的时候,讲课就应当引导他们进入能够完成思想工作的那些通道,如同河流潜在的巨大力量一定要被引入具体的航道,以便用于磨碎谷物或把水力变为电能;(3)它应当有助于组织已经获得的知识,由此检验它的质量和数量,特别是要检验现存的态度和习惯,以便确保它们在未来有更大的效果。

讲课的这三个功能或对象值得详细考虑。

讲课应当刺激思想的渴望

研究和思想活动的最终动力来自内部。心理上和身体上都存在一种欲望(appetite)。因为思想和身体一样,都存在饥渴。但所处环境中的食物,无论是直接在手的还是寻找来的,最后都决定了所吃的东西。也就是说,它们决定了这种欲望实际上采取的方向。所以,从外部得到的刺激,特别是那些出现在社会环境中的刺激,决定了思想动力的进一步运动。婴儿只有产生来自内部的动力,才能学习说话;他牙牙学语,做着手势,等等。这些起初都是毫无形状的、随意摆动的动作。与其他人的交流,刺激他们获取意义和思想的含义。

讲课应当是这样一种情况:一个班级或一个有组织的团队作为一个社会团体,有着共同的兴趣,由一个更为成熟、有经验的人领导,鼓励精神上的渴望。学生可能在思想空虚和昏昏欲睡的时候进入这个班级,或者他的思想兴趣可能与目前的主题相距甚远。讲课的功能就是要激起心灵,使其不断地像以往一样传递某种程度上的思想兴奋。这个说法有时是指:有这样一些教师,他们没有经过专门的教育理论训练,没有专门的心理学知识,等等,但他们是伟大的教师,比那些经过充分的教学法训练的教师更为伟大。如果读者回想一下自己的学校生活,大概就会毫无困难地发现这种情况及其原因。你会注意到,那些给人留下深刻印象的教师,恰好是能够唤起你新的思想兴趣的老师:他们会与你交流他们在知识或艺术领域中的热情；他们会激起你探究的欲望，并帮你找到自身的动力。这恰恰是最为必要的东西。具有了这种渴望，心灵就会去追求；尽管心灵可能被各种信息占据，但如果忽略了这重要的一点，那么，未来就不会有所收获。

前面的讨论中，有许多地方表明了满足研究中的交流渴望所需要的条件。教师必须对他自己的心灵活动拥有真正的兴趣，对知识的热爱会在不知不觉中使他的教学充满活力。敷衍乏味的教师，会败坏所教授的任何课程。而且，教科书必须用作工具和手段，而不是目的。它们有助于提出问题，并为回答这些问题提供信息。但一旦教科书可以背诵，甚至是支配讲课行为，其结果就只能是思想的懒惰。按通常情况，教科书的材料受到的间接冲击应当是侧面的。把心灵限定在书中已经完成的道路之上，这是一种字面上的方法。但这样一些先在条件则把自己概括为这样的事实，即最可信赖的是班级各成员之间生动的观念、经验和信息交流。

关键的讨论会使隐藏的问题得以凸显，引起明显的关注。这种讨论不是要把所有的事实和说法都置于相同的思想水平，这种做法只能破坏思想观点，因此无法判断哪些是主要的、哪些是次要的，而是要把组织其他想法涉及得很少的主要观点作为核心思想。这会促使学生反省，思考他从个人先前经验中所得到的东西，以及他从其他人那里得到的东西（这就是反思），由此发现所讨论问题的真正意义，无论是积极的还是消极的。虽然这样的讨论并不会退化到纯粹的"辩论"，但生动的讨论会带来思想的差异和各种相反的观点和解释，以便帮助确定问题的性质。幽默总是恰如其分，正如对那个不知道如何处理困难而不得不努力奋争的学生报以同情。

讲课应当指导学生养成好的学习习惯

由于激励和指导是同时出现的,我们已经接触到了先前提到的这个功能。从指导的立场看,所要强调的观点是:讲课从思想的立场看,在推进好的学习习惯上达到了顶点。因此,我们要说的不是重复,而是学习。

从根本上看,学习完全是一种反思性活动,特别强调通过口头的或书面的语言提出的问题。"一个勤奋的人"这个说法,就是指喜欢包含着实质精神内容的书本的人。同时,正如俗语"研究出了什么"所表达的,人们在"学习"机械、金融、政治状况,以及关于个人行为和性格的问题。一个人的汽车无法启动了;他"研究出了"麻烦所在;他的问题在于确认这个麻烦的原因。显然,这种积极的研究过程的目的在于理解,但截然不同于不断重复书本上或讲课笔记中的说法,以便牢固地记住它们并根据随后的要求重新说出它们。

思考是探究、研究、反复考虑、探索或钻研,以便找到新的东西或以不同的视角理解已知的东西。总之,思考就是质疑(*questioning*)。传统讲课的一个公认特征,是由教师提出问题。但这些问题的提出常常只是为了得到一个回答,而不是为了提出一个可以由教师和学生们共同讨论的问题。事实上,在学生们精读课程的准备"学习"阶段与展示他们先前学习结果的讲课阶段之间通常产生的分离,是极其有害的。学生们需要学习上的指导。因此,某些所谓的"讲课"阶段应当是得到指导的学习时间,而教师要解决的正是学生们面对的困难,确定他们使用的学习方法,并提出建议,以帮助他们认识到使其落后的坏习惯。在所有这些情况中，讲课都应当是一种学习阶段的连续，伴随着已经完成的工作并导向进一步的独立学习。

质疑的艺术。因此，指导讲课的艺术绝大部分是质疑学生的艺术，以便指导他们的探究，并使他们在这两种指导之下形成独立的探究习惯；也就是说，对观察的探究和对相关主题的回忆，以及通过推理去探究目前材料的意义。质疑的艺术完全是指导学习的艺术，而不容变更的原则无法对这种学习的训练有所帮助。以下是一些建议。

首先，关于已经学习的材料，质疑是需要学生使用该材料去讨论新的问题，而不是直接在字面上重复这个材料。因为前面一种活动需要学生练习作出判断，培养创造力，即使是在处理众所周知的问题时也是如此。高年级的学生已经了解了毒蛇，包括对毒蛇的解剖，在书面考试中会遇到这样的问题：毒蛇是如何在地上爬行的？他们已经学习了关于肌肉和骨骼的知识；而问题则要求他们运用该知识去想象毒蛇的结构实际上是如何运行的，从思想上认识行动中的肌肉。然而，在很多情况下，问题的提出只是为了直接重新表述已知的材料。当一个问题已经得到积极的考虑，而学生却漫无目的总是出错，那么，他就需要检查一下，重新回到题目本身，并尽可能准确地陈述这个题目所包含的事实和原则。

其次，质疑应当引导学生的心灵面向题材本身，而不是面向教师的目的。如果主要强调得到正确的答案，那么就与这个原则相冲突了。[1] 因此，讲课要成为善于猜测的蜜蜂，去追寻教师真正

---

① 参见本书第 63 页。

追求的东西。

第三，质疑应当如此保证这个科目得到发展。这就是说，它们应当是构成连续讨论的要素，而不是被这样提问，仿佛每个要素都是自洽的，只要回答了该问题，其所特指的事情就能得到解决，并可转到新的话题。教师如果不能在学生之前进入一种情境，进入一种很大的、包罗万象的、足以在其内部以连贯的方式实现从一个点到另一个点的运动的情境①，那么，这个失败将打破观念的连续性，使思想变得起伏不定，毫无规则。

第四，质疑应当周期性地调查和回顾已经得到的东西，以便抽取出纯粹的意义，聚合并保存先前讨论中有意义的内容，并从无关紧要的问题和实验探索性的评论中凸显这个内容。讲课通常应当包括两三个较小的有组织的调查，以便不断地讨论一个观点，避免使其变成漫无目的的东拉西扯，就像我们所说的那样，"到处乱窜"。因此，应当有一些对先前讲课内容大致结构的不断总结，这样就可以把原有的材料放到后来的材料所支持的新的观点之中。

第五，也是最后一点，讲课应当更为密切地提供已经完成和得到的东西的意义；同时，学生的心灵也应当通过某个未来话题的意义保持警戒，某个问题依然悬而未决，正如在一个智慧地讲述的故事或戏剧中，每个情节都会为人们留下一个悬念，促使人们渴望接着讲下去。关于教育方式有一个古老的说法，即教育孩子要从祖父母开始。有一种说法更具可行性，即要唤起人们的关心，让人们在某个特殊的情形中产生意识，就要保证继续前进的

---

① 参见本书第 63 页。

愿望作为先前讲课的遗存而保留下来。

讲课应当检验已获得的知识

关于讲课的第三个功能的核心，即检验，没有什么额外要说的内容。检验应当是一个长久的功能。错误就在于认为，仅仅检验复制需要记忆的题材的能力，就能满足检验的需要。先前的讨论表明，对象是次要的。重要的事情是检验：（a）理解主题的过程；（b）把已经获得的东西用作进一步研究和学习之工具的能力；（c）改进在思维背后的一般态度和习惯：好奇，守序，作出评论、总结以及定义的能力，心灵的开放和诚实，等等。

III. 讲课的行为

我们现在转向已经陈述过的材料，把讲课行动看作一个整体。

第一需要：学生们的准备

第一需要就是准备，是学生方面的准备。其所需要的最好的也是唯一的准备是唤起对需要解释的某个东西的知觉，这是意料之外的东西，是让人迷惑不解的东西，也是很特别的东西。当人们真的感觉到了某种迷惑（无论这种感觉是如何产生的）时，他们会感到警惕和好奇，因为这个刺激来自内部。对一个问题的震撼和触动，会迫使心灵用尽一切方法以解决问题，而不是像设计精细的教学手段那样毫无精神上的热情。我们要掌握的问题的意义和要实现的目的正是迫使心灵考察和唤起对过去的记忆，以便发现这个问题的关键所在,以及如何处理这个问题。

　　教师挖空心思,试图唤起学生经验中最为熟悉的要素,他必须警惕某些危险。首先,准备的步骤不能持续过长或过于繁琐,否则就会有损于准备的目的。学生会失去兴趣,感觉乏味,而让学生投身于有趣欢乐的事情,就会使他重新回到工作之中。某些尽职的教师对讲课阶段的准备部分,会使男孩子感觉持续了太长时间,就像跳远之前的助跑一样,等到了起跳线,他已经太累了,无法跳得太远。其次,我们感知新事物的器官是我们的习惯。坚持过于详细地把习惯性倾向转变为有意识的观念,就会干扰其最好的工作状态。熟悉经验的某些因素一定会带来有意识的认识,正如移植对某些植物来说是最好成长的必要条件。但坚持挖掘经验或植物,以便了解它们是如何生长的,这至关重要。在学校里,忽略观念的自主动力是最为严重的错误。一旦观念的这种力量被激发,一种警觉的心灵就一定会与之同行。它自身就会引导学生进入新的领域;它会扩展新的观念,如同植物会长出新的枝丫。

　　教师的参与程度

　　教师在讨论的过程中应当引入多少新的主题,这个实践问题在我们讨论信息的地位时被提了出来。然而,就某些情况而言,成年人的指导会使学生过度依赖他人,这导致人们过分担心教师积极参与课程。教师的实践问题是要在这两者之间保持一种平衡,一个是很少展示与说明以致不能形成刺激反应,一个是过多展示与说明以致窒息思想。假定学生真正对一个题目感兴趣,假定老师也愿意给学生提供大量他所吸收和记住的东西(这并不严格地需要掌握或复制每个事物),那么,本身有热情的人就会对这个题目产生很多需要交流的想法,这相比较而言没有什么危险。如果一种真正的共同体精神遍及了这个团体,如果在推进经验和意见交流的过程中充满了自由交往的气氛,那么,阻止老师享有和担当起对青年人自由地提供保证并分享其成果的权利与责任,这就很荒谬了。唯一的警告是:老师不应当垄断学生的成果,但应当特别进入关键性的结合部分,因为学生在这方面的经验十分有限,无法提供所需要的材料。

针对上文推荐的这种自由的社会讨论最为常见的反对意见是:它漫无目的,无处可寻。这种讨论是分散的,孩子们在从一件事情跳到另一件事情,破坏了整体的同时,也失去了成就感。这一危险的现实性毋庸置疑。但如果年轻人离开学校,准备有效地参与民主社会,他们就必须面对和克服这种危险。民主政府的许多错误(批评者们通常用作谴责整个事业)就是由于成年人无法参与有关社会问题和解决方法的联合会议和商议。他们既不能从理智上有所贡献,也无法理解和判断他人的贡献。他们在早期学校教育中形成的习惯,使他们无法适应这个事业;习惯使然。

让学生证明他的作业

要防止漫无目的、不着边际的讲课,一个最为重要的因素就是让每个学生坚持完成并证明他提出的想法。学生应当有责任弄清楚其所提出的每个原则,以表明他通过这些原则所指的内容,内容对所讨论的事实具有的意义,以及它所指向的事实。除非学生有责任根据他自己的解释推进他所提出的猜想的合理性,否则,讲课在实践上就不算是对推理能力的训练。聪明的教师很容易掌握娴熟的技术,以剔除不恰当的和毫无意义的学生作业,选出和突出那些符合他希望达到的标准的作业。但这种方法(有时也称作"联想发问")除了能够提升学生在跟随老师的要求时心灵的敏锐程度之外,只会减轻学生的理智责任。

要把一种模糊的、或多或少有些随意的观念构成一种连贯的和确定的形式,如果没有停顿,没能避免分心,就是不可能的。我们说,"停一下,想一想";是的,在某种意义上,所有的反思都包含停止外在的观察和反应,以便使得观念更加成熟。摆脱或脱离对感觉的喧闹反对以及对外在行动的要求,如同在其他阶段的观察和实验一样,对推理阶段非常必要。消化和吸收的比喻很容易出现在与理性阐述相关联的心灵之中,这具有很大的指导意义。通过比较和衡量不同的建议以安静地、不受打扰地全面考虑,对于推进连贯紧凑的结论是必不可少的。推理不再类似于争辩、论证或生硬地把握、提出建议,就像是消化并不类似于大声地咀嚼一样。教师必须给予学生精神放松消化的机会。

打一个比方说,在讲课中控制学生们的停顿观察,由此得到恰当且快速的反应,这无助于建立反思性的思维习惯。

通过关注核心论题或典型对象而避免注意力分散

教师必须避免为学生提供大量同等重要的事实而使其注意力分散。由于注意力都是有选择性的,某个对象通常会表达思想,并提供背离和参考的核心。这个事实对于教学方法的成功是致命的,即在心灵之前摆出一排同等重要的对象。在概括总结的过程中,心灵并不会自然地从对象 a、b、c、d 开始,然后找出它们的共同之处。心灵总是开始于某个单个对象或情形,它在意义上多少有些模糊不清和不成熟,然后偏离到其他对象,以便使对核心对象的理解更为一致和清晰。一大堆复杂的对象反而不利于成功的推理。思维领域中产生的每个事实,都应当澄清某些模糊的特征，或者扩展最初对象的某些零碎的特点。

简言之，应该努力看到，思维关注的对象是典型的。当材料容易且有效地使人联想到一类事实的原则时，尽管这种材料是个别的或特定的，但也是典型的。例如，头脑清醒的人对河流进行思考时，往往从呈现某种令人迷惑的特征的河流开始，然后研究其他河流，以便弄清楚这条河流难以理解的特征；与此同时，他运用原先事物的显著特点，从而综合与这一河流有联系的其他河流的各种详细的事实。这种来回运作保持了意义的完整性，防止它变得单调和狭隘。要使思维正常地进行，既要避免许多孤立的特殊因素的消极影响，也要反对贫乏无效的纯形式的原则。概括的内在意义在于，它把意义从局部限制中解脱出来；确切地说，概括是自由的意义；它是从偶然特征中解放出来的，从而能在新情况中加以利用的意义。检验建立在错误观念之上的概括的最可靠的测试方法（一般是言词形式，但不伴随对意义的辨别），就是所谓的"原则"未能自发扩展自身。一个核心观念能够根据应用自发行动；它寻求机会，在操作使用中把其他事实串联起来。①

IV. 教师的作用

教师是领袖

以往类型的教学倾向于把教师看作专制的统治者。新型的

———————

① 参见本书第 178 页。

教学有时把教师看作微不足道的因素，甚至几乎看作一种罪过，虽然是必不可少的。实际上，教师是社会团队中的思想领袖。教师是领袖，并不是因为其官方职位，而是因为其具有更为广泛和深入的知识与成熟的经验。认为自由原则仅仅给学生带来了自由，而教师则在自由的范围之外，所以必须放弃领导地位，这完全是愚蠢的想法。

削减领袖地位的错误观念

在某些学校，削减教师地位的倾向表现为这样的形式，即认为教师提出必须遵循的工作路线或安排提出问题和话题的场景，这些都是随意强加于学生的。人们认为，出于对学生的心理自由的尊重，所有的建议都应当来自他们。这种观念在幼儿园和小学低年级尤为盛行。关于一个孩子的故事的结果通常被描述为，当他到了学校，他对老师说："我们今天要做我们想做的事情吗？"与老师提供的建议不同，孩子要做的事情来自机遇，来自偶然的联系，来自孩子在上学路上看到的东西，来自他昨天做的事情，来自他看到的旁边的孩子正在做的事情，等等。由于要实现的目的一定是直接或间接地来自周围的某个地方，因而否定教师提出建议的能力只是取消了孩子与他人或其他场景偶然的联系，而代之以一个个体的理智计划；如果这个个体有权利做一个教师，他就会充分了解他作为成员的团队的必要性和可能性。

他需要丰富的知识

实际上，重要的问题是：教师在什么条件下可以真的成为社会团队的思想领袖？第一个条件就是他自己必须在课程上有充分的思想准备。这应当是充分到足以溢出的，必须是极其广阔的，超出课本所具有的范围，或者超出教授一门课程的既定计划。

这必须能够覆盖相关的知识,这样,教师就能够应对任何出乎意料的问题或未曾预见的意外。这也必定伴随着对课程的真正热情,而这种热情本身就会传染给学生。

教师应当具有更多的信息和理解,至于为什么需要这样,理由很难说清。一个关键的理由或许总是没有得到认同。教师必须自由地观察自己课堂上的学生们的心理反应和运动。学生的问题总是出现在课程上;而教师的问题,则在于与课程相关的学生们的心态。除非教师已经提前掌握了这门课程,除非他已经对课程内容了然于心,否则,他就没有足够的时间和注意力去观察和解释学生的思想反应。教师必须时刻关注所有形式的心理条件的身体表达,比如:迷惑,厌倦,掌握,领悟观点,假装注意,装模作样,自负地支配讨论等等,以及对所有的语言表达的意义保持敏感。他不仅要意识到它们的意义,而且要意识到这些意义表明的学生的心理状态,以及他们观察和理解的程度。

他需要专门的职业知识

教师必须成为学生心灵的学习者,而学生的心灵则要学习各个领域的课程,这就说明了教师需要具有专门的知识以及所教授课程的知识。这里所谓的"专门的知识",就是指职业知识。教师为什么需要熟悉心理学、教育史,以及他人在教授各种课程中所得到的各种有帮助的方法? 这主要有两个理由:一个理由是,他可能需要注意学生的反应中被忽略的东西,可能需要快速且正确地解释学生的言行;另一个理由是,必要时他可能准备用他的知识提供适当的帮助,而这种知识的效用是其他人发现的。

不幸的是,这种专业知识有时被看作一套确定的行动程序规则,而不是作为本质的个人观察和判断中的指南和工具。当教师发现这种理论知识来自他与他对某个环境的常识性判断之间时，最好的事情就是听从自己的判断——当然，要确定这是一种具有启发性的想法。因为除非专业的知识能够启发他对环境的感知以及要采取的行动，否则，这种知识就会变成一种纯粹的机械手段，或者是大量未经消化的材料。

最后，教师为了成为领袖，必须针对具体的课程作专门的准备。否则，唯一可能的情况就只能是漫无目的的闲扯，或者是针对文本字面上的解释。灵活性是一种利用意料之外的偶然情况和问题的能力，它依赖于教师对所讨论的课程内容的新鲜兴趣和丰富知识。有一些问题是他在开始讲课之前就应当提出的。学生的心灵如何从他们先前的经验和学习中进入这个话题？教师如何帮助他们建立这个联系？即使他们没有认识到这一点，还需要什么来帮助他们，使他们的心灵转向所希望的方向？什么样的用法和运用能够阐明这个主题，并确定它在他们心灵中的位置？这个主题如何能够做到个性化？也就是说，如何把它看成是可以作出不同贡献的东西，而这个主题也适用于每个人具体的缺点和特殊的风格？

V. 欣赏

价值的实现

完全体验一个东西，就是用熟悉的语言去获得它的"实现意义"；或者，用相近的表达，使它成为自己熟悉的东西，为自己所掌握。一旦实现了这一点，这个人就会感觉"温暖"，就像孩子在玩游戏的时候说的那样。先前在心灵与某个对象、真理或情形之间出现的障碍和阻力就烟消云散了。心灵和主题似乎走到一起，联系起来了。这就是"欣赏"这个词所指的事态。我们有时谈论某物有"欣赏"价值，是与对象因逐渐变旧、过时以及无人需要而"贬值"相对立的。当心灵极其欣赏某个事物的时候，对象往往具有极高的价值强度。在思想、知识和欣赏之间并不存在内在的冲突。然而，在仅仅为思想上掌握的观念或事实与情感上多彩的观念或事实之间，的确存在着某种对立，因为后者被看作与整体个性的需要和满足密切相关。在后一种情况中，它有着直接的价值；也就是说，它是被欣赏的。

欣赏在思想中的作用

本书在关于对学生来说真正至关重要的必要情形和问题上所说的一切①，已经表明了在思想与实现、理智活动与欣赏之间并不存在分离。我们这里简单地考虑这一隐含的思想，是为了清楚地阐明欣赏对思想的基本意义。

学校里有这样一种倾向，即打破常规学科的传统方法，打破课程内容训练和字面重复的传统方法，严格地区分这两种学科：一种是需要掌握事实和原则的学科（比如算术、语法、物理学以及大部分地理学等）；另一种是文学、音乐、艺术等学科。需要个人欣赏的部分被限定在了后一类学科。如果按照这种观念的话，后一种学科就会成为情感性的、想象性的（这只是在纯粹想象和非现实的意义上），而自我表达的自由则变成了某种可能最好被称

---

① 例如，参见本书第94—96页。

作"自我暴露"的东西。

然而，我们发现，这种联系的错误在于没有注意到真正重要的欣赏（即涉及情感反应和想象投射的观念）在历史、数学、科学领域中，在所有所谓的"信息的"和"思想的"学科中，如同在文学和艺术领域中一样，最终都是非常必要的。人类并非如通常所说的那样被分作两个部分，一个是情感的，一个是极端理智的；或者说，一个是关乎事实的，另一个是关乎想象的。人们的确确立了这样的区分，但这往往是由于错误的教育方法。个性天然地和通常地是作为整体发挥作用的。性格和心灵不存在任何整合，除非思想与情感、意义与价值、事实与想象产生融合，并超越了事实进入所愿望的可能领域。任何学科的任何讲课的最后检验，都是看学生对所讨论内容的至关重要的欣赏的掌握程度。否则，那些只是为了鼓动反思性活动的问题和疑问，就会或多或少地变成外部强加的，学生在处理它们的时候也会敷衍了事。

第十九章

一般性结论

在论述了我们如何思维和我们应当如何思维以后,我们要通过说明这样一些思维因素来得出结论。这些因素应该相互平衡,但是它们常常趋于互相分离,以致相互排斥,而不是相互协作以使反思性探究变得卓有成效。

I. 无意识的和有意识的

隐含的和明确的语境

重要的是,"被理解的"(understood)这个词的一种意义是某种彻底掌握的、完全同意的、因而被接受的(assumed)东西;也就是说,已被掌握的某种事物是理所当然的,不用再有明确的说明。人们熟悉的"不言而喻"的意思,就是"某事已经理解了"。如果两个人能够理智地进行交谈,这是因为他们的共同经验提供了相互理解的背景;在此基础上,他们各自说着自己的话。若要挖掘和表述这种共同的背景,则是愚蠢的;它是"已经理解了的",即它是作为理智地交换思想的、理所当然的媒介而被默默地补充和隐含。

然而,如果两个人发现他们各自的意见是矛盾的,那就必须挖掘和比较各自说话所依据的预先假设,即隐含的语境。这样,隐含的东西就被搞明确了;无意识接受的东西经过阐明论证,就成为有意识的了。这种方法能够消除误解的根源。一切有用的思维活动,都包含这样无意识和有意识的节奏变化。一个正在寻求连贯的思维次序的人,把某个观念系统当作理所当然的(相应地，他任由这个系统不明说、"无意识"），就像他与别人交谈那样确信。某种语境、某种情境、某种支配目的完全控制着他明确的观念，以至于他不需要作有意识的表述和说明。明确的思维活动，在隐含或理解的范围内继续进行着。然而，由于反思来源于问题，因此，在某些方面必须有意识地检查和验证这种熟悉的背景。到了这种程度，我们不得不改变一些无意识的假定来使它变得明确起来。

人们根本无法制定任何规则，以获得心灵生活这两个阶段的平衡和节奏。在我们搞清楚某种无意识的态度和习惯的自发作用中隐含的东西之前，任何法令都不能规定恰恰在哪一点上应该检验它。没有人能详细说明，分析检查和系统表述要做到什么程度。我们可以说，分析检查和系统表述必须做到足够的程度；只有这样，个人才能知道他在做什么，并且指导自己的思维。但是，在一种特定的情况下，确切地要做到什么程度呢？我们可以说，必须把它们做到足够的程度，从而能够觉察和防范某种错误的认知或推理，并且对调查研究产生影响；但是，这样的陈述只是重申了最初的困难而已。因为在特定的情况下，我们所依赖的只能是个人的气质和能力；检验一种教育的成功与否，最为重要的莫过于看它是否培养出一种足以在无意识的和有意识的之间保持平衡的思维形式。

前文中被批评为错误的"分析"的教学方法，完全是由于放弃了无意识的态度和有效的假定，而追求明确的注意和表述以求效果更好的东西。仅仅为了有意识地表述而盯住熟悉的、常见的、机械的东西，这既不得要领，又容易产生厌烦的情绪。被迫有意识地详细阐述业已习惯了的东西，是厌倦的本源。具有这种倾向的教学方法,会磨灭好奇心。

另一方面,在批评纯常规技术形式时所说的,与强调获得一个真正的问题、引入新颖的东西和达到一种普遍意义的沉淀的重要性时所说的,具有同样重要的意义。未能意识到一些错误或失败的常规根源,不必要地打听顺利进行的事情,这对于有效的思维活动是致命的。过于简化,以及为了追求迅捷的技能而排除新颖的东西,为了防止错误而躲避障碍,这与试图让学生们表述他们知道的每一件事,阐述获得一个结果的过程的每一步,是同样有害的。在鞋子挤脚时,就需要进行分析检查。解决了一个难题后,应当把关于这一问题的知识储存起来,使之成为解决更深一层问题的有效资源。因此,有意识的总结和概括是绝对必要的。在学习一个学科的早期阶段,可以允许进行许多关于该学科的不受约束的无意识的心理活动,甚至冒着随机试验的危险;在晚期阶段,则应当鼓励有意识的阐述和检查。推测和反思,一往无前和回头检验,应该交替进行。无意识给予自发性和新意,而有意识给予指令和控制。

控制反思性思维的一个例证

本书关于反思性活动的段落分析,可能已经阐明了这一点。某些读者或许会认为,这意味着学生们在学习和讲课中应当有意识地注意到并能说出这些段落,作为控制思维的手段。然而,这种看法与分析的精神无关。因为这表明,基本的控制受到学生们工作条件的影响,即提供激发疑问、建议、推理、检验等的真实情境。已经给出的这种分析的主要价值是:建议教师以某种方式保证学生们的反思性思维,但不会让学生们在他们每一步的态度和过程中意识到这种思维。同样,在教师提供了最有可能唤起和指导思维的条件之后，学生们随后的活动，其目的和手段是有意识的，而个人的态度和步骤可能是无意识的。艺术、写作、绘画、音乐等创造性活动，艺术家的动机和态度大部分是无意识的，他的心灵专注于他所处理或构造的对象。这个熟悉的事实表明，我们在教与学中都可以采用类似的方法。艺术家应当被看作他正在从事的每个步骤中完全有意识的模范，而不是被看作活动本身。控制应当根据情境本身的设置进行训练。但在非同寻常的困惑或不断重复的错误的情况下，有意识地关注隐藏在学习者态度和过程中的原因，则通常是有所帮助的。

全神贯注和孕育培养

通常认为，在长久地专注于某个理智话题之后，心灵就不再容易起作用了。这显然是陷入了某种定式；头脑中"轮子在旋转"，但它们并没有磨出新鲜的谷子。新的建议不再出现。有一个恰当的说法是，心灵"厌倦了"。这个状态意在警告人们在有意识的关注和反思范围内，转向其他东西。于是，在心灵不再关注这个问题以及意识放松了自己的限制之后，就进入了孕育培养时期。材料重新安排了自己；事实和原则全部归位；令人困惑的东西变得清晰明白；混杂在一起的东西也变得有序，在一定程度上，这个问题也得到了解决。许多有复杂问题要解决的人，都发现在这个事情上睡大觉是可行的。他们常常是一早醒来发现，在他们睡大觉的时候，事情已经奇迹般地有所好转。孕育培养的微妙过程产生的结果是孵化了一个决定和计划。但产生发明、解决方案和发现的情况却相当罕见，除非这个心灵先前已经有意识地关注与此问题相关的材料，反复考虑过这个问题，且衡量过利弊。简言之，孕育培养是一段有规律的过程。

II. 过程和结果

再论游戏与工作

过程和结果具有一种与心灵生活相似的平衡特征。在考虑游戏和工作的关系时，我们发现调节这一平衡的一个重要方面。在游戏中，兴趣集中在活动上，与结果没有太大关系。行为、想象、情感这一系列事物本身就足够了。在工作中，结果吸引着人们的注意力，控制着人们对于方法的注意。因此，这种不同是兴趣取向的不同，这种反差在于着重点的差异，而不是分裂。当相对地突出活动或结果转变为把一方与另一方分离开来时，游戏就退化为愚弄，工作就退化为苦差事。

游戏不应当是愚弄

所谓"愚弄"，指的是由突发奇想和偶然情况而产生的一系列毫不相干的精力过剩的行为。当所有与结果的关联从产生游戏的观念和行为的序列中被排除时，这序列就各自分开，变成奇异的、任意的、无目的的；纯粹的愚弄随之产生。动物和儿童都有某种根深蒂固的愚弄的倾向；这种倾向并不完全是坏的，因为它至少有阻碍堕入常规的作用。即使是沉溺于空想和幻想，也可能使心灵转向新的方向，重新开始。但是，当幻想太多，就会导致精力浪费；防止这种结果的唯一方法，就是注意使儿童展望未来，并且在某种程度上预测他们的活动以及可能产生的影响。

工作不应变成苦差事

然而，只对结果感兴趣则把工作变成了单调乏味的苦差事。所谓"苦差事"，是指那些只对结果感兴趣而对取得结果的过程和手段漠不关心的活动。每当一件工作变成单调乏味的苦差事时，工作的过程对于做事的人就完全失去了价值；他只关心工作最终会得到什么。工作本身，精力的付出，是令人憎恶的；它仅仅是一种必要的罪恶，因为没有它就会失去一些重要的结果。现在谁都知道，在世界上有许多工作必须去做，而做这些工作在本质上并非十分有趣。然而，有一种观点认为，应该让儿童去做一些单调乏味的苦差事，从而让他们获得忠于讨厌的职责的能力，这种观点完全是荒谬的。厌恶、逃避和推卸是强行造成这种厌恶情绪的后果——而不是对职责忠心耿耿的热爱。通过确实认识到工作结果的价值，把对价值的意识转移到实现它的过程中，才能最大限度地获得这样一种愿望：通过那种本身并不吸引人的工作来实现结果。尽管它们本身并不那么有趣，但是，可以从它们与之相联系的结果中获得趣味。

工作态度和游戏态度的平衡

"只工作不游戏，使杰克变成一个呆笨的孩子。"这句谚语证明了工作和游戏的分离、结果和过程的分离，会导致对自然生长的理智危害。干蠢事与愚蠢很近似，这一事实充分表明，这句谚语的反面是正确的。爱玩的同时保持严肃是可能的，这正是理想的心智生活的状态。没有教条主义和偏见，充满理智的好奇心和灵活性，这表现在心智围绕一个主题的自由游戏中。让心智自由游戏，并不是鼓励人们随意地对待某一个问题，而是鼓励人们对解决这个问题本身感兴趣，不考虑它对先入的信念或习惯的目标的作用。理智的游戏是开放的思想，相信思维在没有外部诱惑和专横限制的条件下保持自身完整的能力。因此，理智的自由游戏包含严肃性，它认真地遵循题材的发展。它与漫不经心或掉以轻心是不相容的,因为它需要精确地记下所取得的每个结果,使每个结论都可以进一步使用。所谓"为真而对真感兴趣",当然是严肃的问题;然而,这种对真的纯粹的兴趣与探究性思维对自由游戏的热爱是一致的。

尽管有许多与此相反的现象——通常是由社会条件形成的,即要么有过多财产诱使人们无所事事而干蠢事,要么有过重的经济负担迫使人们干苦差事——儿童时期,一般实现了自由游戏和认真思考兼而有之的理想。儿童成功的描绘,总是既鲜明地显示出他们对未来的无忧无虑,也明显地表现出他们渴望达到目的的思考。生活在今天,与深远的意义凝结在今天是一致的。现在的充实,是儿童时期的遗产,并且是未来成长的最好保障。儿童如果被迫过早地考虑遥远的经济效果,那么,其在特定方向上发展起来的才能虽然会敏锐得令人惊讶;但是,这种过早的专门化却可能以将来的情感淡漠和感觉迟钝作为代价。

艺术家的态度

常言道,艺术起源于游戏。无论这句话从历史上看是否正确,它使人联想到理智游戏和严肃态度的和谐一致,从而描述了艺术家的理想。当艺术家一门心思只想着方法和材料时,他获得的可能是精妙的技术,却不是杰出的艺术精神。相反,当生机勃勃的观念超过对方法的掌握时,虽然也可能表现出艺术的感觉;但实际上往往是,艺术表现的技巧过于贫乏而不能完全表达这种感觉。当对目的的思考变得恰如其分,以致不得不转变为应用它的方法时,或者当因认识到方法为之服务的目的而唤起对方法的注意时,我们才会产生艺术家的典型的态度。这种态度可以在所有活动中表现出来,即使不是约定俗成的指定的"艺术",也能表现这种态度。

教师是艺术家

俗话说,教学是一门艺术,而真正的教师是艺术家。现在,教师能否属于艺术家之列,则这样来衡量:看他是否能够使他的那些学生(无论是青年,还是儿童)具有艺术家的态度。有些教师能成功地唤起学生的热情,传播广博的知识,激发活力,这些都是很好的。但是,最终的检验是:他能否成功地把这一切转化为学生的能力;也就是说,他能否使学生注意到事物的细节,以保证掌握执行的方法。如果不能这样,学生的热情就会跌落,兴趣就会消失,理想就会变成模模糊糊的记忆。另一些教师能够成功地训练学生的灵巧、技能以及对所学科目的技术的掌握,这同样是很好的。但是,除非这种训练能够扩大学生的心灵视野,提高学生业已增长的分辨最终价值的能力,增强学生对观念、原则的意识,否则,即使获得了某些技能,也往往与目的相去甚远。这样的技能可以根据不同的情况表现为聪明地为自身利益服务,顺从地接受别人的指令,或者毫无想象力地循规蹈矩。通过培养和训练,使鼓舞人心的目标和执行方法和谐一致,这既是教师的难题,也是教师的奖励。

III. 远和近

"亲不敬,熟生蔑"

有些教师听说过这样一种观点,即他们应该避免那些让学生感到陌生的问题。这些教师常常惊奇地发现，在介绍一些超出学生知识范围的东西时，他们往往表现得很兴奋；而对于很熟悉的东西，他们却漠然置之。在学习地理时，生活在平原上的儿童似乎对他们所处地域环境的理智上的魅力无动于衷，却对任何与高山或大海有关的东西心驰神往。一些老师从学生的随笔中发现，他们很不愿意描写十分熟悉的事物，有时甚至渴望去写玄虚的或想象的题目。一个受过教育的妇女记录了她在工厂做工时的经历：她在工作时，试图给厂里的一些女工讲《小妇人》的故事，而女工们对此却不怎么感兴趣，说"这些姑娘的经历并不比我们的经历更有趣"，她们要求讲百万富翁和社会名流的故事。一个男子对那些从事常规劳动的人的心理状况感兴趣，他询问棉纺厂的一个苏格兰姑娘整天在想些什么。她回答说，她的心只要一摆脱机器，就想嫁给一个公爵，梦想继承他的财产。

当然，上述事例并不是为了鼓励诉诸耸人听闻的、非同寻常的或不可理解的教学方法，而是为了强调下面这一点：熟悉的和相近的东西，本身并不足以激发思维或使思维作出反应，但是适应它们可以把握陌生的和遥远的东西。人们不注意旧的东西或者完全习惯的东西，这是心理学的一种普遍现象。其原因很充分：当新的情况不断出现且要求人们去适应时，一味注意旧的东西，只会浪费精力和引发危险。思维必须留给新的、不确定的、有问题的东西。因此，如果让学生思考他们已经熟悉的东西，就会压制他们的心智，降低他们的感觉能力。旧的、近的、习惯了的东西不是我们应当注意的，而是应当利用的；它们不是提供问题的材料，而是提供解决方案的材料。

新和旧的平衡

上面讲的内容,促使我们思考反思性思维所涉及的新和旧、远和近的平衡问题。比较遥远的东西提供刺激和动机,比较近的东西提供出发点和可行的手段。这一原则也可以用这种形式来表述:当容易的东西和困难的东西相互之间比例适当时,就会产生最好的思维活动。容易的和熟悉的是等同的,正如陌生的和困难的是等同的一样。过于简单的东西,没有探究的理由;而过于困难的东西,使探究变得毫无希望。

远与近相互作用的必要性,直接来自思维活动的本质。有思想,现存的东西才能使人联想到并且暗示尚未出现的东西。相应地,熟悉的东西必须在某些新的条件下表现出来,才能唤起思维活动,找出新的和不同的东西;而如果提供的课题是完全陌生的,就没有基础使人联想到任何有助于理解它的东西。例如,当一个人开始学习分数时,如果不告诉他分数与他已经掌握的整数的某些关系,他就会迷惑不解。而等他彻底熟悉分数时,他对分数的感知就会成为某些行为的信号;分数是一种"替代符号",对此,他不用思考就可以作出反应。[①] 然而,如果情境中全部是新颖的,因而是不确定的东西,那么,整个反应就不是自动的;要解决一个问题,则应当利用这种自动的反应。这种螺旋式的过程没有终结:陌生的题材通过思维活动转变为掌握的、熟悉的东西,然后又变成判断和吸收其他陌生题材的方法。

观察提供近的,想象提供远的

每个心智活动对于想象和观察的需要,说明了上述原则的另

---

① 参见本书第 225 页。

一个方面。那些尝试过传统的"实物教学"的教师常常发现,当所讲的课程新颖时,学生就会被教学所吸引,把它当作一种娱乐;但是,一旦新课程变得理所当然,他们就会像以前机械地学习纯粹的符号一样,感到单调乏味和厌烦。想象不可能围绕着实物跳跃,从而使它们丰富多彩。讲授"从事实到事实"会使学生成为追求狭隘实利的平庸之辈,这是有道理的。这不是因为事实本身具有限制性,而是因为事实是作为铁一般的、几乎现成的事物给定的,从而没有想象的余地。表现事实以便刺激想象,接着在新的情境中提出事实,想象自然也就随之丰富了。反过来,同样如此。富于想象的东西不一定是虚幻的东西,即非现实的东西。想象的作用是在梦幻中看见在现存的感官知觉条件下不能展示出来的现实性和可能性。想象的目标是清楚地洞见遥远的、尚未表现的、含混的东西。不仅历史、文学和地理学,而且科学的原则,甚至几何学和算术,都充满了必须以富于想象力的方法来认识的问题——如果它们确实被认识的话。想象补充和深化观察;只有当想象沦为幻想时,它才会妨碍观察并且失去其逻辑力量。

对远与近必须平衡的最后一个说明,是如下一种关系,即从人和事物的接触中所获得的比较狭窄的个体经验,与通过交流可能获得的比较宽泛的族类经验之间的关系。教育总是冒着一种风险,即在大量知识需要传播的情况下,埋没学生个人的狭窄却生动的经验。生气勃勃的教师能够传播知识,使学生通过自己狭窄的感官知觉和能动的行为活动接受各种事物,进入更丰富更有意义的生活;这些是纯粹的教书匠无法做到的。真正的传播知识,包含思想的传导;如果它不能使儿童和他的种族之间产生共同的思想和目的,那么,传播知识的意义将大为减弱。

修订版译后记

杜威(John Dewey，1859—1952)是美国实用主义哲学代表人物之一，他被看作功能心理学的创始人之一，也是 20 世纪一位重要的教育改革家。在教育哲学方面，杜威的著作《我们如何思维》第一版发表于 1910 年，修订版发表于 1933 年。在修订版中，杜威为这本书加了副标题"重述反思性思维与教育过程的关系"。在第一版发表之后，杜威这部著作便举世闻名，被美国各大学校和师范院校采用。经过大约 20 年的使用，该书对美国学校教育产生了巨大的影响。以学校教育实验获得的经验为基础，杜威对第一版内容进行了大量重写和扩展，形成了 1933 年的修订版。

　　学生接受学校教育，就是要学会如何思维。杜威的著作对思考和改进学校教育中的思维训练具有启发和借鉴意义。好的思维方式不能是漫无目的、碎片化、盲目的意识流，也不能限于直接感知的事物。好的思维方式应该是反思性的。杜威说，对任何信念或假设性的知识，按照其所依据的基础和进一步导出的结论，进行主动的、持续的和周密的思考，就形成了反思性思维。反思性思维激励人们去探究，根据受控制的目标，获得证据、检验证据、达到结论。杜威认为，反思性思维是教育的目的，思维把单纯意欲的、盲目的和冲动的行动转变为智慧的行动。学校教育要训练反思性思维，它有五个阶段：一是暗示阶段，面对具体情境进行反省和暗示；二是使具体感觉到的困难转化为理智化的问题；三是作出假设，指导观察和其他有关工作；四是对假设进行推敲（推理）；五是通过行动检验假设。五个阶段的顺序不是固定不变的。

　　杜威倡导的反思性思维是科学思维，而不是经验思维。经验思维的缺陷在于它本身就具有引起错误信念的倾向，不能适用于新的情境，也可能导致心理惯性和教条主义的倾向。科学思维则要将观察到的事实分解为不能观察到的精细过程,科学实验探究遵从的正是这样的科学思维。杜威在《我们如何思维》这部书中,讲到学校教育如何训练反思性的科学思维,对教育过程的理解十分深刻。

杜威的哲学思想一般被概括为工具主义(Instrumentalism),认为真理是人们用于解决问题的工具。从方法论上说,杜威主张实验逻辑(Experimental Logic),这与皮尔士(Charles S. Peirce, 1839—1914)的符号逻辑和实用主义有所不同。杜威曾是皮尔士的学生。皮尔士从19世纪60年代开始研究并改进布尔(George Boole, 1815—1864)的符号逻辑(数理逻辑或形式逻辑),在逻辑代数研究方面作出了突出贡献。在《我们如何思维》中,杜威谈到实际思维与形式逻辑的区别,实际思维不采用逻辑形式,但思维结果用逻辑思维来表述。不能因为教育上主要关心具体思维,就说形式推理完全没有教育价值。实际思维有其自身的逻辑:它是有秩序的、合理的和反思性的。逻辑形式应用于思维结果,逻辑方法应用于思维过程。《我们如何思维》作为一本教育思想著作,第二部分就是逻辑的探讨。这里的逻辑就是形式逻辑,研究有效的推理形式,它是具体思维不可或缺的组成部分。

杜威于1919年4月30日抵达上海,5月30日抵达北京,他在中国经历了伟大的五四爱国运动。在他的学生胡适和蒋梦麟等人的安排下,杜威前往中国各地演讲,其中比较系统的是在北京大学所作的五个演讲。杜威的演讲内容涉及思维、伦理、教育、社会、政治等多个方面,其实用主义哲学思想在当时的中国知识界产生了重要影响。胡适曾在哥伦比亚大学追随杜威学习哲学,深受杜威《我们如何思维》这本书关于反思性思维论述的影响,他将一般科学思维步骤总结为五步法(五个阶段)和"大胆假设、小心求证"。胡适关于中国思想和中国历史的各种著作,都以思维方法为核心,这得益于杜威的思想。

今天我们重新研读杜威的名著《我们如何思维》,应该与学校教育改革结合起来。研究学校教育的过程需要反思性思维。我们要坚持立德树人的教育理念和根本任务,从我国学校教育实践的具体情况和需要出发,创造性全面思考学校的教育过程。学校教育对于学生的思维训练来说是极其重要的,这种训练不仅仅在课堂上进行,也在接触社会的大量实践活动中进行,它是对思维方式的系统训练,对人的成长具有极其重要的作用。

《我们如何思维》的翻译本收录于华东师范大学出版社 2015年出版的《杜威全集·晚期著作》第八卷。此次出版单行本,得到了华东师范大学出版社的大力支持,在此对华东师范大学出版社朱华华女士表示感谢。本书的翻译得到了清华大学哲学系王路教授和山西大学哲学社会学学院江怡教授的指导和支持,在此对他们表示衷心感谢。本书翻译还有一些要改进的地方,今后将不断修订,以飨读者,望广大读者批评指正。

马明辉

2018 年 10 月 2 日于中山大学(广州校区南校园)哲学系